养殖致富攻略·一线专家答疑丛书

黄鳝高效养殖新技术有问必答

王太新 著

U0256305

中国农业出版社

图书在版编目（CIP）数据

黄鳝高效养殖新技术有问必答/王太新著.—北京：
中国农业出版社，2017.2（2018.9重印）
（养殖致富攻略·一线专家答疑丛书）
ISBN 978-7-109-22605-0

Ⅰ.①黄…　Ⅱ.①王…　Ⅲ.①黄鳝属－淡水养殖－问
题解答　Ⅳ.①S966.4-44

中国版本图书馆 CIP 数据核字（2017）第 008166 号

中国农业出版社出版
（北京市朝阳区麦子店街18号楼）
（邮政编码 100125）
策划编辑　郑　珂
责任编辑　王金环

中国农业出版社印刷厂印刷　　新华书店北京发行所发行
2017 年 2 月第 1 版　　2018 年 9 月北京第 2 次印刷

开本：880mm×1230mm 1/32　　印张：4.375　　插页：4
字数：118 千字
定价：25.00 元
（凡本版图书出现印刷、装订错误，请向出版社发行部调换）

作者简介

　　王太新，男，生于1969年，水产工程师。1997年创办大众养殖公司，从事特种水产养殖及技术推广工作20余年。其事迹和技术先后被中央电视台和《农民日报》等新闻媒体多次报道。其开办的黄鳝、泥鳅等养殖技术培训班培训了全国各地上万名学员，编写的黄鳝、泥鳅养殖实用技术图书累计发行超过十万册，带动一大批黄鳝、泥鳅养殖户通过科学养殖发家致富。于2012年被四川省资阳市政府部门聘为"资阳市科技特派员"，2014年被资阳市委评为"资阳市首届领军人才"。

　　笔者经常接到一些询问黄鳝养殖方面的电话，其中，"现在才开始从事黄鳝养殖是不是太晚了"，是新手最爱问的一个问题。笔者的答复通常是：虽然黄鳝养殖已经有 20～30 年的历史，但"真正的黄鳝养殖"其实还没有正式开始。目前黄鳝养殖虽然有比较大的面积，但基本都还是在从事野生黄鳝的暂养催肥，使用人工繁殖鳝苗来开展黄鳝养殖的养殖场数量不足千分之一。

　　依赖野生鳝苗资源开展的黄鳝养殖，由于野生苗种逐年减少，难以满足养殖需要，导致集中投苗期间鳝苗价格偏高，加上苗种来源复杂，且经多次转手才到养殖户手中，鳝苗质量难以保障，鳝苗的投放成活率极不稳定，高投入情况下的高风险，让不少黄鳝养殖者望而却步，这也是近些年黄鳝市场价格一直居高不下的主要原因。

　　作为一名从事黄鳝养殖 20 多年的水产从业者，从个人的视角来看，黄鳝养殖是一个利润非常丰厚且前景非常可观的行业。单纯从饲料成本来说，养殖 1 千克黄鳝的饲料成本一般在 20 元左右（好的可控制在 15 元以内），黄鳝的出塘价却可以高达每千克60～70 元，巨大的利润空间也是吸引众多养殖者不畏风险踊跃进入该行业的主要原因，尽管目前不少养殖户把一部分利润空间让于苗种的高成本。黄鳝市场虽然经历了"避孕药催肥黄鳝"等谣言的大肆攻击，但其消费群体仍然非常庞大，足见其保健价值和美味具有非常深厚的群众基础。此外，随着国家对养殖行业的进一步规范，相关检测体系的进一步完善，"用数据说话"的安全水产品一定会让谣言不攻自破，黄鳝这种极具保健价值的优质水产品必将迎来更加美好的明天。

　　如何低成本繁育鳝苗？如何开展黄鳝的健康养殖？怎样跨过

中间商直接把自己养殖的黄鳝送上消费者的餐桌？……一位仅有高中文化的一线养殖者，在中国农业出版社编辑的鼓励下，有幸写成这本小册子，将自己的一些实践经验分享给大家，期待和大家一起努力，共同做好黄鳝养殖这一朝阳产业。

由于笔者水平有限，书中的不妥之处，诚望各位专家及养殖者提出宝贵意见，以便今后改正。

著　者

2016 年 11 月于四川简阳

目 录

5

第五章　黄鳝的疾病防治 ················ 94

第一章　黄鳝养殖及市场概况

　　黄鳝养殖经二十多年的发展，现已成为我国名特水产养殖中最为热门的经济鱼类之一。与众多淡水鱼类相比，黄鳝的市场价格一直稳居高位，成为宴席中深受食客喜爱和关注的高档食材。

第一节　黄鳝的价值

　　黄鳝的营养价值和极高的保健作用早被人们所认识，更被现代科学所证实。据医学史料记载，黄鳝药性甘、温，无毒；入脾、肾，补脾益气，除积理血。对腹中冷气、肠鸣及湿痹气、湿热身痒、内外痔漏、妇人产后血气不调等均具显著疗效或辅助疗效。特别在平衡营养、健体强筋、增强抗病力等方面具有特殊的价值。

1.　黄鳝的营养价值如何？

　　四川民间自古流传着"鸡鱼蛋面，不如火烧黄鳝"的说法，就是说很多大家认为好吃的东西，都抵不上简单用火烧熟的黄鳝。可见黄鳝的肉味鲜美历来被人们所认识。"小暑黄鳝赛人参""夏吃一条鳝、冬吃一枝参"，这些民间谚语都反映出黄鳝在人们心目中是具有很高营养价值的高级滋补品，尤其是夏季，黄鳝更是进补的首选。

　　黄鳝的可食部分占比较高，一般规格在 50 克以上的黄鳝，宰杀加工成去骨鳝片，1 千克活鳝可以获得干净的鳝肉达 650 克以上，若加工成带骨的鳝段（去头、去尾、去内脏），则可获得 800 克以上的鳝段。

　　黄鳝具有极高的营养滋补效果，常吃黄鳝有很强的补益功能，特别对身体虚弱、病后以及产后之人更为明显。现实中的例子可以说是不胜枚举，就连莫言的小说《丰乳肥臀》，也对黄鳝的滋补功效大加夸赞："幸好，随着时光的流逝，母亲的心情逐渐好转，尤其是吃过那条大鳝鱼之后，低垂的乳头慢慢翘起来，变深了的颜色渐渐淡起来，泌奶量恢复到秋天的水平……"

现代科学更是对黄鳝的营养价值进行了全面分析。据测定，每100克鳝肉中含蛋白质18.8克，高于鳜、鲂、青虾和螃蟹，而其脂肪的含量仅为0.9克，低于其他几种名优水产品。此外，鳝肉中还含有丰富的维生素A、维生素D、维生素E、维生素K等，其营养价值远非一般淡水水产品可比。

2. 黄鳝有哪些保健价值？

黄鳝具有极高的保健价值，这是普通鱼类和龟鳖等常见营养滋补品无法比拟和替代的，主要包括以下几个方面。

(1) 补脑佳品 黄鳝富含二十二碳六烯酸（俗称脑黄金），其含量在淡水鱼中名列首位。孕妇及婴幼儿常吃黄鳝，可以有效补充二十二碳六烯酸，对促进胎儿及婴幼儿的大脑发育很有好处。

(2) 增进视力 黄鳝的天然维生素A含量很高，其肉内天然维生素A的含量是牛肉的100多倍。维生素A又叫抗干眼病维生素，是最早被发现的维生素。天然维生素A是增强视力和平衡皮肤代谢功能的重要物质，日本人称"鳝鱼是眼药"。学生及经常面对电脑、手机等用眼频繁的人士，常吃黄鳝对增进视力和防治干眼病很有益处。

(3) 双向调节血糖 有研究表明，黄鳝体内富含"鳝鱼素"，可双向调节血糖，糖尿病人常吃黄鳝，可以有效促进血糖平稳。

此外，据《本草纲目》等典籍记载，黄鳝血还具有"祛风、活血、壮阳。治口眼歪斜，耳痛，鼻衄，癣，瘘"等功效。黄鳝还具有补中益气、养血固脱、温阳益脾、强精止血、滋补肝肾、祛风通络等功效。传统医学认为，黄鳝为温补强壮剂，适用内痔出血、气虚脱肛、产后虚弱、妇女劳伤、子宫脱垂、肾虚腰痛、四肢无力等症。

上海中医药大学附属曙光医院张颖等的研究还证明，黄鳝骨髓汤具有提升人体白细胞的功能，是癌症化疗病人及亚健康人群增强体质的良好滋补品。

3. 黄鳝还有什么其他价值？

（1）观赏价值 在黄鳝家族中，也有少量体色罕见的个体，比如金色黄鳝、花斑黄鳝（彩图 1）、透明黄鳝、白化黄鳝等，这些黄鳝由于比较少见，且外观独特漂亮，具有较高的观赏价值。

（2）研究价值 黄鳝具有典型的"性逆转"现象，即先雌后雄，吸引了生物界众多学者对其进行研究探讨。

第二节 黄鳝养殖的历史及现状

黄鳝养殖的兴起缘于市场对黄鳝的需求逐年增加而野生资源逐渐减少，价格逐步上涨让一部分人看到了商机，从而开始了养殖黄鳝的尝试。虽然有资料介绍，江苏省在 20 世纪 70 年代就有人开始试养黄鳝，并取得了成功，很多资料也曾介绍各地均有开展养鳝，但据笔者观察，黄鳝养殖的真正成功开展却是 20 世纪末才开始的，至今也仅20 年左右。

4. 黄鳝养殖经历了怎样的发展历程？

（1）暂存黄鳝阶段 最初的黄鳝养殖，实际上只能算得上是"暂存"。在 20 世纪 80 年代，由于稻田普遍施用化肥，加上部分水源较好地区为增加粮食产量，纷纷将稻田改做"两季田"（即夏天种水稻、冬季种油菜或小麦），使黄鳝的生存环境遭到破坏，加上化肥和农药的大量使用，导致野生资源大幅减少。我国实行改革开放后，人民生活水平逐渐提高，黄鳝价格日益上涨，特别是冬季低温时节，捕捉上市的野生黄鳝非常稀少，价格上涨至夏天的几倍甚至十倍以上（如1985 年前后，四川地区夏季野生黄鳝每千克 3～3.6 元，冬季每千克却高达 30～40 元）。巨大的季节差价吸引了大量的先行者进入收购黄鳝存放赚取差价的行列。首先进入这个行列的多是黄鳝捕捉者，他们将秋季捕捉的黄鳝使用容器或简易水池存放起来,待到冬季价格上涨时再起捕出售。存放期间由于对黄鳝的基本习性缺乏了解,早期的成活率非常低,即便季节差价非常大,盈利者也是寥寥无几。直到20世纪90年代,随着存放者对黄鳝习性的逐步了解,存放池或容器等环境逐步改进,加上选苗经验的日益丰富,黄鳝的暂存才取得较高的成活率,同时,电捕、药捕方式逐步兴起,使捕捉者在寒冷冬季也能捕捉到大量黄鳝来供应市场,黄鳝的季节差价随之缩小,到1995年前后,夏季和冬季的季节差价只剩2~3倍。由于存放黄鳝需要承担部分死亡的损失和重量减少的损失,在这样的条件下靠季节差价已经很难实现盈利,依靠暂存黄鳝赚钱的模式面临被淘汰。

(2)暂养黄鳝阶段 在季节差价逐步缩小,依靠原来的暂存模式很难赚钱的情况之下,部分存放者开始尝试使用蚯蚓、河蚌肉、蝇蛆等鲜活饵料来对存放的黄鳝进行投喂。虽然这些鲜活饵料难以满足批量养殖黄鳝的需求,但这些投喂还是对减少在黄鳝暂养期间的重量损失起到了明显作用。同时,由于开展饵料投喂,也给黄鳝投喂预防药物提供了方便,加上病虫害防治方法的逐步出现,黄鳝暂养在一些地方取得了成功,虽然规模较小,但也对淡季市场黄鳝的供应起到了一定的缓冲作用。黄鳝的淡、旺季差价进一步缩小,传统的暂存黄鳝赚取差价模式已经鲜有人为。

(3)催肥养殖阶段 2000年5月,笔者亲自前往位于安徽省东至县七里湖的皖龙鳝业基地参观学习,亲眼见识了水泥池无土微流水养殖黄鳝模式。该基地共建有20米² 的水泥养鳝池100口,通过驯化后可对黄鳝投喂人工配合饲料,这应该是我国最早的工厂化黄鳝养殖模式。同年,湖北省仙桃市张沟镇先锋村支部书记陈江启带领党员干部在村内养殖池塘中悬挂网箱60口,试行无土网箱养鳝,到2000年年底,养殖效果明显,黄鳝体重增长了2倍,取得了较好的经济效益。2001年该村网箱养殖黄鳝面积扩大到约13万米²以上,网箱2 000口。养殖户采用蚯蚓、河蚌等鲜活饵料对黄鳝进行驯喂,最后过渡到使用杂鱼拌和配合饲料进行投喂,可使投放的黄鳝苗获得明显的增重,赚取到比较可观的利润。随着养殖技术的逐步成熟,至2005年,湖北省仙桃市张沟镇先锋村的养鳝面积达到160万米²以上,黄鳝销售额达到 2 500 万元,成为名副其实的"中国养鳝第一村"。在相对集中发展的情况下,仙桃的网箱养鳝获得了长足的发展,并带动了网箱加工、驯食饵料(冻蚯蚓、水蚯蚓)供应、鲜鱼(鲢等杂鱼)供应、配合饲料销售、黄鳝苗种购销、防病药物和技术服务以及商品黄鳝市场等相关产业的快速发展。这些配套产业的发展为仙桃的黄鳝养殖户提供了极大的便利。至 2010 年,仙桃市黄鳝养殖面积已达 0.8 万公顷,养鳝网箱 240 万口,产量达 5 万吨,占全国养殖总产量的21%,产值超过 15 亿元,每 667 米^2 效益 5 000～8 000 元。2011 年 6 月24 日,仙桃市被中国水产品流通与加工协会授予"中国黄鳝之都"称号。

在湖北黄鳝养殖大力发展期间,周边的安徽、江西、湖南、河南等省份的黄鳝养殖也快速发展起来,这些地区原来的野生鳝苗大多销往湖北(主要是湖北的仙桃市和荆州市),为湖北的黄鳝养殖提供了很好的苗种资源。2012 年以后,随着鳝苗产地养鳝行业的兴起,湖北的鳝苗来源逐步成为难题,从外省调入的鳝苗不仅价格高,且购买到的鳝苗很多都是当地养殖户选剩下的劣质苗。据广州诚一水产科技公司调查,2014 年 6 月 1—20 日和 2014 年 7 月 5—20 日,其间湖北养殖户放苗的死亡率普遍达到 60% 以上。除了当年天气影响,购入的鳝苗质量太差也是导致成活率超低的一个重要原因。过低的成活率直接拉高了黄鳝的养殖成本,同时由于苗种质量和天气等因素的影响,黄鳝开口率也不高(2014 年仙桃养殖户的开口率多为 65%～85%),养殖体重增长由以前的 3～5 倍降低到 1.5 倍左右,虽然2014 年入冬时的黄鳝价格还是可以达到每千克 52～56 元,但这个价格对于多数湖北养殖户来说,仍不能避免亏损。严峻的形势迫使黄鳝养殖从业者加快寻找新的突破口。

(4) 繁养一体阶段　从 2012 年开始,湖北省仙桃市和科研院所合作,引智借智,开展黄鳝仿生态苗种繁育技术攻关,在技术方法上采取有土繁育和无土繁育"两条腿走路"的方式,经过近 4 年的不断探索,攻克了黄鳝苗种繁育这个国际性难题,黄鳝苗种人工繁育技术基本成熟,仙桃市黄鳝产业发展迎来一次大的飞跃。人工仿生态繁育的苗种生长速度快,成活率高。如 1 个 6 米^2 的网箱,如果投放外地购买的野生苗种,需要 700～800 元成本,并且成活率低,风险大,而投放本地人工自行仿生态繁育的鳝苗，其综合成本不到 200 元，节约成本 500 元以上。仙桃市西流河的卫祥合作社，以前每到黄鳝投苗时节都要到外地购买野生苗种，苗种价格高，质量没有保障，极大地影响了养殖效益。2015 年，该合作社成功繁育苗种 3 500 万尾，可供应 1.1 万口网箱养殖，相对于外地购买苗种可节约成本 500 万元以上，极大地提高了黄鳝养殖效益。仿生态繁育鳝苗取得的初步成功吸引了大量的养殖场（户）参与，据相关资料介绍，2015 年，仙桃市开展黄鳝繁育的养殖户由 2012 年的 2 家发展到 99 家，繁育面积由不到 6.67 万米^2 扩大到 101 万米^2 以上，繁育网箱由 1 980 口增加到 146 260 口，年繁育黄鳝苗 4 807 万尾。仙桃市国兵合作社 2016 年繁殖鳝苗 1 000 万尾，并力争 2017 年除能满足自己养殖所需，达到可以对外出售鳝苗的目标。在仙桃市黄鳝繁育养殖户群体的带动下，湖南、安徽等地均有企业及养殖户加入鳝苗繁育行列，开启了繁养一体的黄鳝养殖新篇章。

5. 目前的黄鳝养殖主要采用什么技术方式？

目前的黄鳝养殖，其技术方式主要有以下几种。

（1）以网箱养殖方式为主 网箱养殖具有设施投入少、管理比较方便、养殖产量高等优势，是目前黄鳝养殖行业主要采用的养殖方式。

（2）以收购野生鳝苗催肥为主 由于人工大批量繁殖鳝苗在技术上还不是十分成熟，能实现自行繁养的养殖场目前还属于极少数，超过 99％的养殖户都还是依靠收购野生鳝苗来开展黄鳝的催肥养殖。

（3）以鲜料和配合饲料相结合的方式进行投喂 目前生产黄鳝专用饲料的厂家达上百家，但尚无可以直接投喂黄鳝的饲料出现。养殖者均要先使用水蚯蚓、蚯蚓等饵料对黄鳝进行驯化投喂，然后再过渡到使用鲜料＋配合饲料进行投喂。

6. 养殖黄鳝的效益如何？

由于养殖黄鳝存在多种方式，各自成本和效益可能会有所不同，这里就仅列举三种方式进行分析，供读者参考。

（1）夏季收苗养殖实例 湖北省钟祥市洋梓镇农民刘德清，2009年利用一口 7 300 米^2 的鱼池进行网箱养鳝试验，共设置网箱 200 口，面积 1 200 米^2，投种 1 500 千克，产黄鳝 7 000 多千克，实现销售收入 24 万元，获纯收入 15 万元。

通过 2009 年网箱养鳝获得成功，得到好收益，刘德清给笔者算了这样的经济账：一口 6 米^2 的网箱制作成本只需 50 元左右；一口箱投放每千克 32 条左右的鳝种 7.5 千克，当地鳝种平均收购价 26元/千克，鳝种钱 190 多元；每口网箱饲料及用药成本约 260 元。加起来，一口网箱的养殖生产总成本才 500 元左右。每 667 米^2 鱼池设置 20 口箱，总成本 1 万元。表面上看，池塘网箱养鳝比常规养殖投入要大得多，但从效益上来看，池塘网箱养鳝比常规养殖要高得多。一般网箱养鳝一个周期每口网箱可产黄鳝 25 千克左右，甚至更高，每 667 米^2 池塘就可产 500 千克以上。由于黄鳝市场俏销，价格始终坚挺走高，平常市场价每千克 40 元以上，到了冬季和开春时，每千克平均售价 48～52 元，大规格的卖到每千克 60 元以上。照此行情计算，每 667 米^2 鱼池网箱养鳝可实现产值 2.5 万元，减去 1 万元的总成本，纯收入高达 1.5 万元，是当地常规水产养殖的 10 倍以上。

近几年的鳝苗价格有所上涨，但商品黄鳝的销售价格也相应较高一些。据笔者多年的实践观察，只要收购的鳝苗成活率能达到 60%以上或者说总的增重能达到 2 倍以上，一般养殖者每口网箱的利润在800～1 500 元之间，折算每 667 米^2 池塘的养鳝收入为 1.6 万～3 万元，这还不包括池塘套养的杂鱼收入。

（2）"两年段"养殖模式 即每年 7—8 月放苗养殖到第二年 8 月或年底出售的养殖模式。2006 年 7 月仙桃市大众生态养殖公司进行了 50 口网箱的黄鳝养殖试验，通过一年半的养殖，2007 年年底起捕上市，黄鳝规格均在 0.3 千克/尾，每平方米增重 8 千克，每平方米纯收入 180 元。2007 年将"两年段"网箱养鳝模式在仙桃市全市进行推广，绝大部分养鳝户采用这种模式都获得了很好的经济效益，每667 米^2 均纯收益基本在 1 万元以上。

（3）人工苗模式 使用人工苗养殖，鳝苗的成活率高且生长快，春季 4—5 月投苗，一般 6 米² 的网箱，只需投放 300 尾鳝苗（1.5 千克）即可，养殖到当年 10 月，可达均重 100 克/尾以上，可产黄鳝 30 千克以上。按 2015 年冬季价格 70 元/千克算，1 口网箱可获收入 2 100 元。而投入主要包括：鳝苗 300 元、饲料成本 600 元、药物及其他成本 200 元，主要支出合计 1 100 元。1 口网箱即可获得利润达 1 000 元，按每 667 米² 架设网箱 20 口算，每 667 米² 可获利润 2 万元。

7. 现阶段黄鳝养殖发展的瓶颈是什么？

黄鳝养殖经过近 20 年的发展，整个养殖业从无到有，逐步发展壮大，成为名特水产品中引人瞩目的热门种类。据《中国渔业统计年鉴 2015》的数据，2014 年全国黄鳝产量达到 35.8 万吨，其中湖北以 16.7 万吨位居第一，其他依次是江西 8.3 万吨、安徽 4.2 万吨、河南 3.4 万吨和四川 1.2 万吨。虽然黄鳝养殖已经发展成为一个非常庞大的产业，但纵观行业发展情况，仍然存在着制约产业发展的问题甚至是较难突破的瓶颈。主要表现在以下两个方面。

（1）苗种　由于黄鳝苗种的大批量低成本繁育技术尚未完全突破，目前养殖者主要依靠收购野生鳝苗进行催肥养殖。野生苗种在用于养殖前一般都经历捕捞、转运、分级、存储等环节，部分环节对鳝体带来伤害在所难免。养殖者批量购入养殖时难以一一甄别，导致鳝苗质量难以把握，加上投苗还受天气的影响，投苗养殖风险巨大。在气温比较适宜的季节，养殖者集中采购鳝苗，导致鳝苗价格节节攀升，虽然湖北养殖户为尽量避免与外省抢苗，普遍采取 7—8 月收苗开展"两年段"养殖，但由于鳝苗需要越冬，越冬死苗风险也较大。高苗价一旦遇上低成活率，养殖者就基本会面临亏损，这也是湖北最近两年黄鳝养殖面积不升反降的根本原因。

（2）疾病　由于黄鳝养殖发展的时间还不长，加上黄鳝的生活习性与一般鱼类有所不同，目前对黄鳝疾病的研究还非常浅显，部分疾病的治疗至今尚处于空白地带。就是在养鳝比较发达的湖北仙桃，当地养殖户的普遍共识仍然是：病轻就再观察一下，一旦病重就整箱甚至整塘淘汰。一些养殖户由于惧怕黄鳝生病，就乱喂预防药或买便宜药天天喂，这样的做法不仅不能有效地预防鳝病，反而会给黄鳝自身的免疫系统带来破坏。规模化的养殖需要规范化的防治措施，也只有建立起切实有效的防治方案，黄鳝养殖才可能获得健康稳定的发展。

第三节　黄鳝养殖的发展前景

黄鳝是深受我国消费者喜爱的高档鱼类，同时，也是深受日本、韩国及欧美国家欢迎的出口创汇产品。我国的黄鳝养殖虽然已有 20 年左右的历史，但真正通过人工繁育鳝苗来开展养殖其实才刚刚开始。黄鳝的养殖成本尚有巨大的可降空间，养殖市场也存在巨大的拓展空间，具有广阔的养殖发展前景。

8. 黄鳝养殖的市场前景如何？

为了比较直观地反映黄鳝的市场情况，笔者查询了 2009－2015 年的 12 月份湖北省仙桃市张沟镇先锋村黄鳝交易市场的黄鳝收购价格，在这期间养殖黄鳝的统货（大小混合）价格为：2009 年 12 月 28 日，46 元/千克；2010 年 12 月 19 日，42 元/千克；2011 年 12 月 2 日 48 元/千克；2012 年 12 月 21 日，72 元/千克；2013 年 12 月 12 日，55 元/千克；2014 年 12 月 9 日，56 元/千克；2015 年 12 月 28 日，70 元/千克。由此可见，虽然各年份 12 月的黄鳝价格有所波动，但 7 年中基本也就在 42～72 元/千克，与其他特种水产品相比（如泥鳅、牛蛙、鳖等），其价格还是相对处于高位。虽然我国的黄鳝养殖产业为市场提供了数量巨大的养殖商品，但相对于野生黄鳝的减少和市场对黄鳝的需求量来说，还是远未能满足需要。

在相对较高价格的刺激下，野生黄鳝资源比较丰富的缅甸、孟加拉国等国家每年都有较大数量的黄鳝出口到我国，据媒体 2016 年 7 月 9 日的报道，中国 2015 年从缅甸进口黄鳝总价值达 2 000 多万美元。郑州机场仅 2016 年上半年就空运进口原产地为孟加拉国的活黄鳝达 1 060.8 吨。从这些国家进口的黄鳝，虽然其肉质在口感上明显不如我国养殖生长的黄鳝，且外观区别也比较明显，但因其价格相对

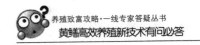

较低，一直以来也是各地水产市场比较受黄鳝经销商欢迎的品种。

我国除大陆地区外，台湾以及香港、澳门特别行政区也是黄鳝的热销地区，湖北仙桃黄鳝出口备案区及湖南部分地区都有大量黄鳝销售到这些地区。日本、韩国是我国黄鳝的主要出口国，其产品主要通过沿海有水产品出口资质的公司代理或加工后出口。湖北监利县也有黄鳝出口到美国。

由此可见，养殖黄鳝的市场前景非常广阔。我国目前的黄鳝养殖还处在初级阶段，苗种成本过高，饲料利用率也较低。据实践，养殖1千克黄鳝的饲料成本目前在 20 元左右，稍加优化养殖模式，控制在 15 元以内不算困难，所以一旦苗种繁育获得突破，加上黄鳝养殖技术模式的进一步改进，黄鳝养殖的成本完全可以大幅度降低，养殖发展空间巨大。

9. 黄鳝养殖的发展趋势是什么？

与其他特种鱼类相比，黄鳝的苗种尚依赖野生、品种有待选育；专用养殖饲料目前仅能作为鲜料投喂的补充，尚无真正的能对黄鳝养殖全程进行投喂的饲料出现；养殖模式对自然环境的依赖程度较高，受天气等外部因素影响较大，导致疾病频发和生长投喂受阻，无法实现稳定生产。此外，黄鳝的市场销售主要依赖鲜活宰杀，拉高了终端销售成本，也变相提高了市场零售价格。解决好以上几个方面的问题应该就是黄鳝养殖行业未来的发展趋势。

（1）苗种繁育批量化，品种得到选育 近年来，黄鳝苗种的繁育引起了政府主管部门及科研单位的高度重视，通过政府主导、科研单位积极参与攻关，已经取得了非常不错的效果，吸引了大批养殖企业积极参与，推动了繁育技术市场化应用。一批率先参与的企业已经有望完全解决自身养殖的苗种所需，个别企业甚至有望在两年内实现对外出售自己繁育的黄鳝苗种。这些现象都说明，黄鳝苗种的批量繁育及商品化应用已经迎来曙光，即将进入一个高速发展的阶段。由于黄鳝的苗种依赖野生，其品种对适应人工养殖环境的适应能力还比较差，导致每批苗种引进后还需要对其食性进行驯化，耽误了养殖生长的大好时机，严重影响了养殖效果。随着繁育技术的成熟，繁育单位从繁殖的苗种中优选亲本进行培育，并进行多代的持续选育，必将选择出能很好适应人工养殖的黄鳝品种，将对进一步提高养殖生产效率起到良好的推动作用。

（2）养殖生产实现集约化、标准化　集约化、标准化是保证产品质量稳定，实现大批量生产的主要途径。同时，由于开展较具规模的集约化生产，加上标准化的应用，有利于成本的控制，从而形成比较强大的市场竞争力。这种模式显然要比传统的池塘养殖模式前进一大步。其技术的先进性和生产效果具体体现在养殖条件的可控性增强、管理方便、劳动强度降低、养殖密度加大、单位水体产量大幅度提高等方面，所以会成为未来黄鳝养殖发展的主要模式之一。其实在黄鳝养殖发展初期就是朝着这个方向发展的，如安徽皖龙鳝业于 2000 年开展的微流水无土水泥池养殖、长江大学动物科技学院杨代勤等于 2004 年开展的高密度控温流水养鳝以及湖北省沙洋县刘军 2013 年开展大棚网箱集约化养鳝等都属于这方面的先行者。这些养殖探索为集约化、标准化黄鳝养殖积累了大量的成功经验，随着大批量苗种繁育技术的成熟，这种工厂化养殖黄鳝的模式还将迎来一个快速发展的大好时机。

（3）黄鳝产品加工后上市将逐步成为主流　目前我国的黄鳝销售均以鲜活为主，随着鱼类速冻保鲜技术的发展及冷链运输服务设施的完善，黄鳝的上市销售方式也必将受到影响。通过工厂化宰杀速冻加工处理之后，可以显著减少运输及销售成本，同时产品品质更有保障。通过加工，更加有利于产品的长途运销以及出口贸易，深加工产品可以满足更多消费者的需求，也拓展了黄鳝产品的销售渠道。

第二章　黄鳝的生物学特性

学习和掌握黄鳝的生物学特性是研究、实施相应养殖技术的基础和依据，在未具体涉及养殖技术前，有必要对黄鳝的生物学特性做一概略介绍。

第一节　形态特征

每一种动物，都有不同的生物学特性。要对它们开展人工养殖，就有必要了解它们的生理结构及生活习性，区分这种动物与其他的动物有什么不同，以便有针对性地调整养殖方式、完善养殖技术，使其更为科学、合理，从而获得良好的养殖效果。在黄鳝养殖的实践中，一些养殖者由于不注重对其生物学特性的学习，采用养殖普通鱼类的养殖方式来养殖黄鳝，比如直接将黄鳝放入鱼塘饲养，池水很深又没有水草，给黄鳝投喂米糠、麦麸等植物性饲料等，都是对黄鳝生物学特性缺乏了解的表现。采用不适合其生理特点的饲养方式来饲养黄鳝，一般都不可能获得相应的生长效果和产量，情况严重的甚至导致黄鳝的"全军覆没"。因此，了解并掌握黄鳝的生物学特性是养好黄鳝的前提。

10. 黄鳝的外部形态有何特征？

黄鳝体形细长，前段呈圆筒状，后段较侧扁，尾端渐尖细，外观似蛇形，但它是真正的鱼类。在动物分类学上，黄鳝属鱼纲合鳃目合鳃科黄鳝亚科。黄鳝和鲫的外部器官对比见图 2-1 和图 2-2。

（1）**黄鳝是无鳞鱼**　就一般的鱼类而言，其体表多附着有鳞甲，以此保护自己的身体。黄鳝同鳗鲡等鱼类一样，体表没有鳞甲，这类鱼被统称为无鳞鱼。

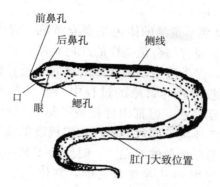

图 2-1 黄鳝的外部器官

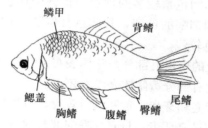

图 2-2 鲫的外部器官

（2）黄鳝的鳃和鳍都严重退化 一般鱼类大多有明显的鳃盖，背部有背鳍，胸部有胸鳍，腹部有腹鳍，肛门旁有臀鳍，尾部有尾鳍。黄鳝的鳍严重退化，已经看不到像普通鱼类那样的鳍，因而黄鳝游动时主要靠肌节有力伸屈，作波浪式泳行。黄鳝的鳃严重退化，也看不到像普通鱼在水中一张一合的鳃盖。

（3）黄鳝视力很差 黄鳝头大，眼睛小。其视力严重退化，对移动的物体能够模糊辨别，但主要是靠触觉、嗅觉和特殊器官（如侧线孔）感知外界。

（4）黄鳝有两对鼻孔 黄鳝有两对鼻孔，分别为前鼻孔和后鼻孔。前鼻孔位于口的前端上部，而后鼻孔位于眼睛前沿偏上一点的地方。黄鳝的两对鼻孔分工明确，前鼻孔负责吸气或吸水，后鼻孔负责呼气或出水。黄鳝在水中生活时，黄鳝的鼻孔主要是嗅觉器官，用以嗅出水中的气味，而并非为呼吸氧气。但当黄鳝离开水时，其鼻孔也承担呼吸空气的作用。

(5) 黄鳝的体色 黄鳝的体色主要有黄色、青色（黑色）和灰色3种。目前也发现有与金鱼一样的红色黄鳝、白色黄鳝和菜花一样黄的黄色黄鳝，多为遗传基因变异出现的少量异色黄鳝，目前非常少见。笔者在收购暂养黄鳝的过程中，曾经发现2条红色的黄鳝，打算单独饲养观察，但都因捕捉或贮运过程染病而中途死亡。黄鳝的体色因生活环境不同，会出现一定程度的改变。颜色深黄的黄鳝，笔者将其养在黑色的淤泥中，时间长了其体色也会变黑；体色较黑的黄鳝，笔者将其养在黄泥中，其体色也会逐步变黄。此外，黄鳝的体色也会因食物的改变而改变，在食物中长期添加蟹黄、黄粉虫等含动物色素较多的食物，黄鳝的体色会更加黄亮。长期使用大量红蚯蚓饲喂的黄鳝，其体色会偏红。黄鳝的背部体色相对较深，腹部颜色较浅。

(6) 黄鳝身上的斑点 部分黄鳝体表布满大黑斑点，也有的黄鳝斑点比较细密，还有部分黄鳝体表没有斑点。

(7) 黄鳝的口腔和牙齿 黄鳝的口较大，口裂较深，能顺利吞入较大的饵料。黄鳝没有牙齿，只有在喉咽部有咽齿，因而黄鳝吃食只能吞食，为啜吸式。

(8) 黄鳝的侧线孔 黄鳝的身体两侧中部有侧线，稍向内凹，侧线上有小孔，称为侧线孔。黄鳝的侧线孔细小，一般肉眼不易看见。侧线孔主要起辅助呼吸的作用。

11. 黄鳝的内部结构有哪些主要特征？

黄鳝全身只有一根脊椎骨，无肌间刺。与其他动物一样，黄鳝的体腔也分为胸腔和腹腔，体腔内膜褐黑色。黄鳝的头部附近为口咽腔（也称"喉腔"），口咽腔及肠道的内壁布满血管，是黄鳝的呼吸器官。黄鳝的口咽腔膨大，用以贮存较多的空气，在黄鳝活动期，常常可以看到黄鳝将头伸出水面，吸入空气后立即潜入水中，这都是由黄鳝的特殊呼吸方式所决定的。在高温期间黄鳝呼吸旺盛时，若不能让黄鳝伸头出水面呼吸空气，黄鳝甚至可能被"淹死"。

一般鱼类的肠道分为两类：一类鱼的肠道很长，常常是体长的几倍，肠道在鱼体内反复盘曲，这类鱼的食性多为杂食性；另一类鱼的肠道通常比体长短，在体内没有盘曲，为一根直管状，这类鱼的食性多为肉食性。黄鳝肠道的长度约为体长的 4/5，与肉食性鱼类相似。经实践观察，黄鳝属于以肉食性为主的杂食性鱼类。黄鳝的肠道前端是胃，胃的前面是食道，与咽部相连。黄鳝肠中段有一缩小处，将肠分为前肠和后肠。黄鳝的胃具有较强的消化功能，但没有吸收能力，其营养的吸收主要靠前肠完成。

一般的鱼类，其体内通常都有一个被称为鳔（俗称"鱼泡"）的器官，鱼类依靠鳔吸入或呼出空气，便可自由地上浮或下沉，从而可以随意停留在水中任意深度。黄鳝体内没有鳔这种器官，因而黄鳝不能像其他鱼类一样停留在任意水层。当黄鳝进入深水区，需要呼吸空气时，通常会拼命往上游，这样往往消耗大量的体力，因而在水库等深水区一般看不到黄鳝。为了方便呼吸空气，黄鳝通常会选择池塘边靠近水面的地方打洞栖息，或借助水面上的水草而栖息于水的表层下面。黄鳝的鳃、口咽腔和皮肤都具有呼吸功能，可直接呼吸自然界的空气，因而可离水较长时间而不会死亡。黄鳝冬季低温冬眠时，则主要依靠皮肤进行微弱的呼吸。

黄鳝的心脏离头部较远，约在鳃后 5 厘米处。心脏后面的器官是肝脏，由于肝脏在判断黄鳝中毒等症状时非常重要，因而认识并记住正常肝脏的颜色等性状，有利于在解剖病鳝时做出准确的判断。肝脏的后面是胆囊，胆囊的后面是肾脏，肾脏的后面是脾脏。以上各器官除心脏外都分布于黄鳝身体的左侧，在鳝体右侧最显眼的器官是黄鳝的精巢或卵巢。在鳝体左侧的肾脏旁，还有一个不大引人注意的器官，为黄鳝的膀胱。黄鳝的膀胱为管囊结构，呈乳白色，有系膜与肾脏相连。从表面看到的黄鳝心脏好像是椭圆形的，其实这是包裹心脏的外壁，称为围心囊。围心囊内的器官才是真正的心脏，黄鳝的心脏是狭长形的。黄鳝的肝脏为片状，与其他动物的肝脏相似，颜色为猪肝色。脾脏位于肝脏的后面，与黄鳝的胃部相邻。脾脏为长椭圆形，深红色。脾脏由一大一小组成，且为一前一后分布，前脾前钝后尖，后脾两端都尖。黄鳝的肾脏退化，不具备泌尿功能，而演变成一个造血器官，是制造淋巴细胞和其他白细胞的场所。

黄鳝的精巢或卵巢系同一个器官，只是在不同的生长期进行了演变而已。该器官的这一演变使黄鳝具有“性逆转”的特性，即其前半生为雌性，而后半生转变为雄性。黄鳝雌性个体在繁殖季节来临时，该器官为一个充满黄色卵粒的卵巢，约从肝脏后端起一直延伸到肛门附近。黄鳝性成熟产卵后，其卵巢会发生变化而转变成为精巢，从而呈现为雄性的特征。部分黄鳝由于在高密度饲养等不适合产卵的条件下生活，会不经过产卵而直接转变成为雄鳝，也有少部分黄鳝在繁殖季节到来时，由于同批黄鳝中缺少雄鳝而提前由雌鳝转变为雄鳝。

第二节　生活习性

黄鳝的生理特征与普通鱼类有着一些明显的区别，其生活习性也有一些与众不同的地方。正确地理解和认识黄鳝的生活习性，可以使我们在开展养殖技术改进或参考其他鱼类的养殖技术时，充分考虑其独特的生活习性，减少盲目性和错误。

12. 黄鳝主要分布在哪里？

黄鳝属亚热带淡水鱼类，广泛分布于亚洲东部及南部的中国、朝鲜、日本、泰国、越南、缅甸、印度尼西亚、马来西亚、菲律宾等国。我国除青藏高原以外，全国各水系都有分布，但以长江流域的四川、重庆、湖南、湖北、江西、安徽、江苏、浙江、上海及珠江流域的广东、广西资源最为丰富。但是，由于黄鳝具有较高的营养价值，在国内外市场供不应求，各产区的野生黄鳝被大量人工捕捉，在一些地区甚至发展到使用剧毒农药进行毁灭性捕捉，加之农田大量使用化肥农药，使我国的野生黄鳝资源由20世纪60年代的每667米^{2}年产量6千克下降到现在的不足0.5千克。国内目前除四川、重庆、湖南、湖北、安徽、江西、江苏尚有一定数量分布，其他地区的野生黄鳝资源已被大量破坏。

13. 黄鳝对温度有何要求？

黄鳝属冷血变温动物，其体温会随环境温度的变化而变化。适宜黄鳝生存的水温为 1～32℃，适宜黄鳝生长的水温为 15～30℃，最适黄鳝生长繁殖的水温为 21～28℃，在该温度范围内黄鳝摄食活动强，生长较快。水温低于 15℃时，黄鳝吃食量明显下降，水温在 10℃以下时，则一般会停止摄食，随温度的降低而进入冬眠状态。当水温超过 30℃时，黄鳝行动反应迟钝，摄食骤减或停止，长时间高温或低温甚至会引发黄鳝死亡。黄鳝具有自行选择适温区的习性，当所栖息的环境水温不适时，黄鳝会自动寻找适宜的区域，当长时间找不到适宜生存的水温环境时，就会致使黄鳝的生理功能紊乱，诱发疾病甚至死亡。在高温状态下，黄鳝频繁伸头出水面呼吸空气，因此，当水面气温过高（高于 32℃），同样会对黄鳝的正常呼吸产生不良影响。此外，黄鳝对水温的骤然变化也非常敏感，因而在人工养殖中，对水温调控不当常会导致黄鳝患上感冒病。

14. 黄鳝需要光照吗？

昼伏夜出是黄鳝的栖息特性之一，这一特性有利于逃避敌害，也是其机体自身保护的需要。据试验，将黄鳝置于没有丝毫遮阳物的水池中，同时保持水温不变，连续观察几天，黄鳝吃食活动并无异常，但持续 10 天以上的连续光照，黄鳝表现为烦躁不安，聚集池角翻转，发病率很快上升。这说明，紫外线对黄鳝具有伤害作用，在人工养殖中，应尽可能创造条件，让其在阴暗的环境下生活。

15. 养黄鳝必须要用泥土吗？

黄鳝依靠泥土打洞穴居是为了达到逃避敌害、躲避高温和延续后代的目的，是长期自然选择形成的结果。但这一习性并非不能改变。

实践证明，在养殖池中投放根须丰富的水草代替泥土，可以使黄鳝放弃钻泥而乐意长期栖息于水草丛中。无土水泥池养鳝及无土网箱养鳝的普遍采用，都说明无土养殖黄鳝是完全可行的。甚至不少繁殖实例也证明，在无土环境，仅给黄鳝投放水草，黄鳝仍然可以正常产卵繁殖。

16. 黄鳝对水深有何要求？

当黄鳝在摄食、运动或气温较高时，它必须以呼吸空气中的氧气为主，但因其体内却没有其他鱼类的鳔结构，因此，一旦水位过深，黄鳝必须消耗体力才能游到水的表层进行呼吸，这显然不利于黄鳝的正常生存和生长，所以黄鳝一般都会栖息于浅水区。养殖黄鳝的池水深度一般根据黄鳝的大小，以5～50厘米深度为宜。在深水区域里，如果有密集的水生植物漂浮生长的话，黄鳝便能借助水草而栖息于水面下30厘米以内的区域中，此时池水的深度对黄鳝的生活基本不造成影响。这就是网箱养鳝时池水深达1～2米，土池养鳝池水深达1米而黄鳝可以正常生长的根本原因。

第三节 食性及生长

在养鳝初期，有的养殖户给黄鳝投喂麦麸、玉米粉等杂粮饲料，这主要是对黄鳝食性缺乏了解的表现。还有的养殖户投放的黄鳝明显减少，加上没有投喂黄鳝喜欢吃食的饵料，常常发现有大黄鳝吞吃小黄鳝的现象，就一味地认为黄鳝的减少完全是由于大黄鳝蚕食小黄鳝所致，甚至认为这一恶习不可克服，人工高密度养殖黄鳝是完全不可能的事。

黄鳝是一种生长比较缓慢的鱼类，多年前国内有些信息骗子却称所谓的"泰国特大黄鳝"养殖7个月可以长到1千克。完全脱离实际的宣传主要是蒙骗一些对黄鳝生长特性毫无认识的养殖者。

通过下面的7个问题，相信读者能够对黄鳝的食性和生长有一个全面的了解。

17. 黄鳝会大吃小吗？

人们习惯认为黄鳝有严重的自相残杀的习性，但据试验研究，在黄鳝喜食的饵料中掺入绞碎的黄鳝肉，黄鳝会出现拒食现象，这充分说明黄鳝的自相残杀只有在极度饥饿的状态下才会发生。而且，据笔者观察，其大小差距一般要在 5 倍以上，比如同池饲养的大黄鳝达 50 克以上，而小的不足 10 克。笔者曾在一个养有 100 克以上黄鳝达 50 千克的鳝池内投入 50 条体重 40～50 克的黄鳝，正常投料饲养 1 个多月，排干池水清理，发现较小的 50 条黄鳝一条不少，这充分验证了前面试验结论的正确性。但同时笔者发现，投进去的 50 条黄鳝比投入前瘦了许多，而且总重量比原来下降了近 20%。据笔者平时投料后的观察，发现个体较小的黄鳝根本不敢上前抢食。这一情况若持续发生，势必导致同一池的个体悬殊进一步加大。因此，在养殖时一定要实行大小分养，并尽量使其个体大小悬殊不超过 1 倍。有养殖户反映在水池中放了不少自己捕捉的黄鳝，可到年底捕捞时却发现仅仅剩下可怜的几十条甚至几条，这主要是因池水过深且没有水草，栖息环境不科学而导致了黄鳝大量死亡或下暴雨时水位上涨黄鳝逃逸，并非仅仅因为黄鳝具有互相残食习性。在人工养殖中，只要按时投喂黄鳝喜欢吃食的饵料，即使其个体差异很大，也不会出现大吃小的现象。

18. 黄鳝的消化系统有何特殊性？

黄鳝的肠道无盘曲，呈直管状，总长度约占体长的 4/5，这一结构与肉食性鱼类的特征相似。其消化特点是：对植物蛋白和纤维素几乎完全不能消化，对动物蛋白、淀粉和脂肪能有效消化，因此任何想全部使用植物性饵料饲养黄鳝的企图都是对黄鳝的消化机能缺乏了解的表现。但另一方面，适度植物性饵料的添加可促进肠道的蠕动和摄食强度。黄鳝的新陈代谢缓慢，反映在消化系统主要表现为消化液分泌量少，吸收速率低。这一特性对黄鳝养殖是极为不利的，因为严重抑制了增重速度。然而这一特性并非不可改变，在定时投喂和人为添加消化促进剂的激活下，消化系统可很快变得极为活跃，就可达到促进进食的目的，增重状况得以明显改善。

19. 黄鳝喜欢吃什么样的饵料？

据试验，黄鳝敏感且最喜欢吃食的食物顺序依次是：蚯蚓、河蚌肉、螺肉、蝇蛆、鲜鱼肉、猪肝，黄鳝是以动物性饵料为主的杂食性鱼类。在不同的生长时期，黄鳝的食物组成有所不同：仔鳝吃食蛋黄、水蚯蚓和蚯蚓；幼鳝吃食水蚯蚓、蚯蚓、轮虫、枝角类、孑孓；成鳝主要摄食蚯蚓、小杂鱼、螺肉、蚌肉、小虾、蝌蚪、小蛙和昆虫等。为了解决饵料来源问题和提高增重率，幼鳝和成鳝应尽可能及早驯化投喂人工配合饲料。

20. 黄鳝的吃食有何显著特点？

黄鳝吃食有四大显著特点：

一是对蚯蚓的敏感性。黄鳝对蚯蚓的腥味天生特别地敏感。水中的蚯蚓能被周围数十米远的黄鳝嗅觉感知，并且十分喜爱吃食。因而在湖北等地，当地养殖户在驯化黄鳝采食时，都会加入一定量的蚯蚓。在没有鲜蚯蚓的情况下，购买冰冻过的蚯蚓虽然效果差些，但也能对黄鳝的驯食带来一些帮助。近年来，随着水蚯蚓养殖的兴起，用水蚯蚓驯食黄鳝的养殖户逐渐增多，虽然价格较高，养殖户仍然踊跃购买，主要是看中其良好的诱食效果。

二是贪食性。由于黄鳝在野生状态下饵料无法得到保证，经常饱一顿饥一顿，因而养成了暴食暴饮的习性。在人工养殖状态下，尤其是单一投喂蚯蚓或蝇蛆，在吃食旺季，黄鳝一次摄入的鲜料量可达自身体重的15%以上。过量摄入食物往往容易导致黄鳝的消化不良而引发肠炎等疾病。而黄鳝对人工配合饲料的摄食则一般不会出现这种情况。

三是拒食性。黄鳝的摄食活动依赖于嗅觉和触觉，并用味觉加以选择是否吞咽。对无味、苦味、过咸、刺激性强或有异味的食物以及过于干硬饵料均拒绝吞咽，对饲料中添加的药品极为敏感。这也是一些养殖者在饵料中添加敌百虫或磺胺类药物来治疗鳝病而不见效的根本原因。

四是耐饥饿性。即使是在吃食的高峰期，黄鳝饥饿 1～3 个月也不会饿死。在特别饥饿的状态下，黄鳝体质减弱易诱发疾病和大鳝吃小鳝的情况。

21. 黄鳝对配合饲料有何特殊要求？

黄鳝也可摄食人工配合饲料，然而摄食概率、强度和持久性则因配合饲料的成分及其制作工艺呈现不同的特点。能达到使黄鳝稳定摄食的配合饲料的要求是：具有一定的腥味，细度均匀，柔韧性好，饲料形状为条形或大小合适的圆形颗粒。黄鳝对饵料的选择较为严格，一经长期投喂一种饵料后，就很难改变其食性。因此，在饲养黄鳝的初期，必须在短期内做好驯饲工作，即投喂来源广泛、价格适中、增肉率高的配合饲料。

22. 黄鳝的摄食方式如何？

黄鳝的摄食方式为啜吸式。对小型食物张口啜吸吞入，而对大型、无法一口吞入的食物即以口咬住并剧烈左右摆动，或咬住食物全身高速旋转，使食物断裂后吞入。黄鳝主要靠嗅觉、触觉和振动觉觅食。当食物落入水中或由活饵引起水体振动时，黄鳝游至饵料或猎物附近，并以啜吸方式将其摄入口中。

23. 黄鳝的生长速度有多快？

黄鳝的生长速度受品系、年龄、营养、健康和生态条件等多种因素影响，总的情况是，野生黄鳝在自然条件下的生长是非常缓慢的，综合各地的实验观察数据及笔者的观察，一般 5—6 月孵化出的小鳝苗，长到年底（吃食到 11 月停止），其个体体重仅 3～5 克；到第 2 年年底仅重 10～20 克；到第 3 年年底体重 40～60 克；到第 4 年年底体重 100～200 克；到第 5 年年底体重 200～300 克；到第 6 年年底体重 250～350 克；6 年以上的黄鳝生长相当缓慢。体重 500 克的野生黄鳝一般年龄在 12 年以上，且极为少见。国内有资料记载的最大的野生黄鳝体重 3 千克左右。根据笔者的养殖实践，采用经系统选育的优良品系，并配以科学的饲喂方法，5－6 月孵化的鳝苗养到年底，生长较快的，单条体重可达 30～50 克，可基本实现当年养殖当年上市，若第二年继续养殖，则个体体重可达 150～250 克，第三年可达 400 克左右，长到 400 克以上后生长速度变得非常缓慢。

第四节 繁 殖

雌性的黄鳝终生只怀卵一次，这种现象在动物中非常罕见。正是这样独特的繁殖习性，使鳝苗的人工繁殖出现种种难题。时至今日，虽然很多单位能够繁殖出部分鳝苗，但数量非常有限，成本仍然偏高。鳝苗繁殖难在哪里？通过下面 7 个问题，相信读者能够对此有一个初步的认识。

24. 什么是黄鳝的性逆转？

黄鳝具有极为罕见的生理现象——性逆转。黄鳝从孵出到产卵，都为雌性个体。但产卵以后，其卵巢都会慢慢转化为精巢，以后就产生精子而变为雄性。几乎所有的雌性黄鳝一经成熟产卵后，无一例外地变成了终生雄性。这种现象在生物学上称为性逆转。在较高密度养殖条件下，黄鳝虽然不会产卵，但翌年仍然会开始向雄性转化。

25. 如何识别黄鳝的雌雄？

一般情况下，野生黄鳝在体长 24 厘米以下时都是雌性，体长 42 厘米以上的黄鳝都是雄性，24～42 厘米的黄鳝有雄的也有雌的。

人工养殖的黄鳝由于营养供应充足且品系有异，同一年龄会出现超乎寻常的体长，故不能依靠以上标准来判定，而应以年龄来做基本判定：一般 2 龄以内的都是雌鳝，3 龄以上的大都是雄鳝。雌黄鳝头部细小，不隆起；身体两侧从上到下颜色逐渐变浅，褐色斑点细密而且分布均匀；腹部呈浅黄或淡青色；腹部肌肉较薄，繁殖时节用手握住雌鳝，将腹部朝上，能看见肛门前面肿胀，稍微有点透明；雌鳝不善于跳跃逃逸，性情较温和。雄的黄鳝头部相对较大，稍微鼓起；雄的黄鳝腹部呈土黄色，个体大的呈橘红色，腹部朝上，膨胀不明显；解剖腹腔，未成熟的精巢细长，灰白色，表面分布有色素斑点，性成熟的精巢，比原来粗大，表面有形状不一样的黑色素斑纹。

由于黄鳝的性逆转时间不确定，短的可能 30～50 天，长的会达 1 年以上，所以，仅凭外观要准确判断一条黄鳝的雌雄，实际上还是比较困难的。这也是影响开展黄鳝繁殖的一个重要的因素。

26. 黄鳝一年产卵几次？

黄鳝为一次怀卵，分批产卵，可产卵 1～3 次，据观察，80％以上的黄鳝只产 1 次卵，有约 20％的黄鳝会产 2 次卵，极个别的黄鳝会产 3 次卵。产卵次数多，而总的产卵量却没有增加，因而人工养殖实践中，采用口服二氢吡啶等药物的方式进行刺激，尽可能让黄鳝集中在一段时间内产卵，并且一次产完所有卵粒，从而使繁育的鳝苗批量增大，方便集中管理培育。

27. 黄鳝的产卵量有多大？

黄鳝是一种产卵量较少的鱼类，每条雌鳝仅怀卵几十粒至几百粒不等。人工养殖培育的鳝种，由于其开始产卵时较野生黄鳝个体大，因而其怀卵量相对较大，一般怀孕量可达 300～800 粒，经人工培育的鳝种，其单条怀卵量可达 1 000 多粒，最高可达 2 000 粒左右。一般的常规鱼类，其怀卵量少则万粒，多则达几十万粒甚至几百万粒，故大多采用人工催产繁殖鱼苗，而黄鳝的单条怀卵量太少，且催产困

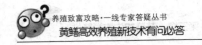
难，至今未见大批量的生产应用实例。

28. 黄鳝的繁殖有何特性?

同其他许多肉食性鱼类一样，黄鳝在产卵前具有占区筑巢的特性。一旦即将产卵的黄鳝确定了自己的产卵区域，在一定的范围内，它会禁止其他黄鳝进入，一旦发现有入侵者，就会发生打斗。若该鳝不能绝对保卫其产卵区域的安全，则会重新选择产卵区域。若即将产卵的黄鳝几经选择，均无法寻找到它认为安全的产卵区，那么，它将会不产卵而随着产卵季节的结束将卵粒慢慢地吸收掉，这种未能产卵的黄鳝会在第二年像其他产过卵的黄鳝一样，逐渐转化成为雄鳝。为了使黄鳝能够在繁殖季节到来时，能够很容易地找到自己的安全产卵区，尽量让黄鳝多产卵，因而在自然繁殖或半人工繁殖时，每平方米鳝池所投放亲鳝一般不要超出 10 条。黄鳝只能从雌性转变为雄性，而不能从雄性再转化成雌性。在繁殖季节到来时，若同批黄鳝中若没有雄鳝，便有部分雌鳝会提前转化成雄鳝，而与同批的雌鳝进行交配。

29. 黄鳝繁殖时的雌雄配比如何?

黄鳝在繁殖季节，其雌雄配比大致是：当雄鳝体重大于雌鳝体重时，为一雄多雌；一般为 1 雄 2 雌或 3 雌；当雄鳝与雌鳝体重相近时，为 1 雄 1 雌；当雄鳝体重小于雌鳝时，为 1 雌多雄。

30. 黄鳝是如何繁殖幼苗的?

每年，当繁殖季节来临时，性腺发育成熟的亲鳝常在乱石、洞穴、杂草堆或水生植物等的附近吐出泡沫为巢，然后雌鳝将卵产于其中。与此同时，雄鳝将精液射入泡沫使之受精，受精卵借助泡沫浮力在水面孵化，水温 20～28℃时，7 天左右鳝苗即破膜而出。雌鳝产卵完毕便离巢而去，雄鳝负责守卵粒，一直要守护到黄鳝苗孵出，并待其卵囊消失，能自由觅食为止。

第三章　黄鳝苗种的繁育

　　自行繁殖的鳝苗不仅生长快，而且养殖非常顺利，一般个体达到10 克以上后，在整个养殖期内，其成活率几乎为100％。而且，自行繁殖鳝苗，使自己的养殖有了可靠的苗种来源，对于规模养殖者显得尤为重要。随着野生鳝苗的逐年减少，依靠收购鳝苗来开展养殖也越来越困难。开展自繁自养必将成为黄鳝养殖的发展趋势。

第一节　鳝种的选择和投放

　　"母肥仔壮"充分说明在繁殖中精心挑选繁殖种鳝的重要。黄鳝的繁殖比较特殊，所以按照其特殊的习性来开展繁殖非常重要。虽然目前的自然繁殖还不能做到低成本、大批量生产鳝苗，但对于鳝苗比较缺乏的地区，采用这一繁殖方法还是可以缓解紧张局面的。

31.　鳝苗繁殖技术的现状如何？

　　笔者经常接到一些养殖户询问是否有繁殖鳝苗批量提供的电话，事实上，不仅笔者没有，截至 2016 年，笔者也仅发现湖北监利、仙桃等地有几个繁育户向养殖者出售过少量的繁殖鳝苗。黄鳝是一种比较特殊的鱼类，它的前半生（个体小的时候）是雌性的，后半生是雄性的。由于雌鳝的个体小，加上黄鳝的卵粒比较大，所以黄鳝的产卵量非常小，一般仅几十粒到几百粒。而且，黄鳝终身只怀卵一次，一般产卵后便逐步转变成了雄性。黄鳝的繁殖也很特殊，在自然繁殖中，雌雄亲鳝要"培养感情"而达到同步射精和排卵，人工繁殖要获得较高的受精率就必须首先解决同步授精的难题，国内外均有很多专家对此开展试验，但至今仍然没有取得令人满意的效果。黄鳝的孵化也比较特殊，一般都是在亲鳝吐出的泡沫中进行孵化。据有关专家的分析，该泡沫不仅具有托起卵粒使其处于水面而供氧充分外，还含有防止卵粒感染水霉菌等作用，人工合成黄鳝的泡沫或采取与之相适应的人工孵化方法，目前还在进一步的试验摸索之中。

采用模仿其他鱼类进行人工繁殖的技术方法虽然可以繁殖出鳝苗，但由于催产成本高，加上受精率、孵化率较低，目前还没有大批量用于商品化生产的案例。

近年来，使用有土小网箱开展黄鳝的仿生态繁殖取得了比较理想的效果，较好的繁育场年繁殖鳝苗可以达到数千万之多。但由于鳝苗的越冬等环节尚有一些问题没有充分解决，鳝苗培育到第二年，因成活率不高，绝大多数的繁育场难以产出满足自身养殖所需的鳝苗。

当然，任何事物都是不断发展的，黄鳝苗种的繁育难题很早就引起了我国相关政府部门的重视，国家对此也投入了大量的人力和财力进行研究，相信在不久的将来，鳝苗低成本大批量繁育也必然会成为现实。

32. 什么样的黄鳝适合繁殖?

用来繁殖的雌雄种鳝可以从收购的野生黄鳝中进行挑选，也可以从上年人工养殖的黄鳝中进行选择。挑选种鳝最好在每年的3月下旬至4月中旬进行较好，选择晴朗无风的中午并尽可能不让黄鳝离水，以免种鳝出现感冒。一般雌鳝以条重30～50克、雄鳝条重100克左右为好。对于人工养殖的鳝种，则雌雄个体相应大一些。选择的种鳝应是比较健壮的健康黄鳝，雌雄比例一般为2：1。

33. 如何投放繁殖亲鳝?

选择好繁殖种鳝后，应及时投放入繁殖池进行培养。目前开展的繁殖基本为仿生态繁殖，无论是使用水泥池还是小网箱，一般都是有土的。投放密度一般按照1米^{2}左右的繁殖面积投放2雄4雌。如果对黄鳝的性别把握大，直接投1雄2雌也是可行的。因为按目前的繁殖水平，1 米² 的理想繁殖效果是能产一窝卵。部分养殖户反映同一区域投放 2 条雄鳝会出现打架的情况，但投放 1 条雄鳝，如果遇上尚在性转变过程中的黄鳝，可能就会影响繁殖效果。

34.　如何饲喂繁殖亲鳝？

为了给繁殖种鳝提供良好的营养条件，很多繁育户采用了给种鳝投喂活饵的办法，即给黄鳝投喂活的水蚯蚓，一次可以多投点，让亲鳝自由取食。这种方法既省人工又不污染水质。当然，也有部分繁育者认为只投喂水蚯蚓太单一，容易导致亲鳝营养不良，所以也有使用鱼糜加水蚯蚓进行投喂的，还有拌和或直接采用配合饲料进行投喂的，这些方法饲喂亲鳝更为合理。并且，使用鱼糜和配合饲料进行投喂，中途还可以添加防病及促进发育的药物，对提高亲鳝的成活率及获得更好的繁殖效果都是很有好处的。但缺点是需要清理残饵，劳动强度要大一些。投喂亲鳝也要注意，饵料一经确定，就不要随意更换，以免影响亲鳝的正常摄食。

35.　二氢吡啶对亲鳝的繁殖起什么作用？

二氢吡啶是一种新型多功能的饲料添加剂，具有生物学功能，在医学上用作心血管疾病的防治保健药物，有治疗脂肪肝和中毒性肝炎、抗衰老、防早熟等作用。二氢吡啶最初由前苏联科学家合成并应用，因其具有天然抗氧化剂维生素 E 的某些作用，最早在 20 世纪 30 年代，主要用作动植物油的抗氧化剂，自 70 年代苏联专家发现其具有促进畜禽生长作用以来，世界各国相继展开了相关研究，发现二氢吡啶有促进畜禽生长、改善畜禽产品品质、提高畜禽繁殖性能及防病等功能。我国对二氧吡啶的研究开始于 20 世纪 80 年代初，现已有多个厂家批量生产和投入使用，取得了较好的试验效果。

据有关专家试验，在每千克黄鳝饲料中添加 150 毫克二氢吡啶，饲喂雌性亲鳝 40 天，繁殖亲鳝的性成熟系数、绝对怀卵量、孵化率都有显著的提高。雌鳝的绝对怀卵量提高了 13.24%，孵化率提高了

20.64％。此结果说明二氢吡啶可改善雌性黄鳝的繁殖性能，改善卵的质量，提高孵化率，同时具有抗氧化作用，防止脂质的氧化酸败。

近年来，笔者在黄鳝繁殖中，都给繁殖亲鳝添喂二氢吡啶，发现黄鳝的产卵量比以前有了明显的提高，且黄鳝的产卵时间更加集中（以前的产卵期为6－9月，现在集中在6－7月产卵），鳝苗的孵化率和成活率都明显提高。实践证明，在开展黄鳝的自繁自养时，适当添喂二氢吡啶是很有好处的。

第二节　水蚯蚓的培育

在鳝苗的繁育过程中，使用水蚯蚓投喂亲鳝及鳝苗，都可以获得较好的饲喂效果。因此，水蚯蚓是鳝苗繁育户普遍使用的饵料。在水蚯蚓野生资源比较丰富的地方，可以直接捞取野生的水蚯蚓进行投喂，若当地野生资源缺乏，也可以进行人工培育。

36. 水蚯蚓在黄鳝育苗中有什么作用？

黄鳝小苗在捞出后进行培育时，一般前5～7天以吃食水中的浮游生物为主，此时也可人工投喂鸡蛋黄。在第7～15天，主要以采食水蚯蚓为主，虽然黄鳝小苗吃食水蚯蚓的数量很少，但在鳝苗培育中是不可缺少的。对于少量培育黄鳝小苗的养殖户，若能够在野外的水沟中捞到一些水蚯蚓，也可以不培育水蚯蚓。如果是开展较具规模的鳝苗繁育，则最好人工养殖水蚯蚓。

水蚯蚓又称水丝蚓，有的地方称之为"红虫"。水蚯蚓在全国各地均有分布，因其个体小，很适合作黄鳝幼苗的活饵。水蚯蚓养殖非常简单，繁殖速度惊人，高峰期每平方米的日出产量可达50克左右，目前在黄鳝养殖尤其是培育幼苗中被普遍采用。

37. 如何培育水蚯蚓？

人工规模化养殖水蚯蚓，一般多使用稻田改建土池来开展养殖，这种养殖可以实现大批量的出产，以供应黄鳝驯食所需。附近有水蚯蚓养殖场的，可以直接采购水蚯蚓来投喂鳝苗。对于一般的鳝苗繁育者，则可以参照下面的方法来开展水蚯蚓的养殖培育。

（1）建池与培池　宜选水源充足、排灌方便、坐北朝南的地方建池。池长 10～30 米、宽 1～1.2 米、深 0.2～0.25 米。池底最好铺一层石板或打上"三合土"，要求培育池池底稍有倾斜，在较高的一端设进水沟、口，较低的一端设排水沟、口，并在进、排水口设置金属网栏栅，以防鱼、虾、螺等敌害随水闯入池中。需要注意的是，蚓池要有一定的长度，否则投放的饲料、肥料易被水流带走散失。如果无法建成长条形时，可因地制宜建成环流形池或曲流形池等。

优质的培养基是缩短水蚯蚓采收周期、获得高产的关键。培养期的原材料可选用富含有机质的污泥（如鱼塘淤泥、稻田肥泥、污水沟边的黑泥等）、疏松剂（如甘蔗渣等）和有机粪肥（如牛粪、鸡粪等）3 类物质。装填程序是：先在池底铺垫一层甘蔗渣或其他疏松剂，用量是每平方米 2～3 千克，随即铺上一层污泥，使总厚度达到 10～12 厘米，加水淹没基面，浸泡 2～3 天后施牛、鸡、猪粪，每平方米 10 千克左右。接蚓种前再在表面盖一层厚度 3～5 厘米的污泥，同时在泥面上薄撒一层经发酵处理的麸皮与米糠、玉米粉等的混合饲料，每平方米撒 150～250 克。最后加水，使培养基面上有 3～5 厘米深的水层。这时就可引入水蚯蚓种。生产实践证明，新建池的培养基一般可连续使用 2～3 年，过时则应更新。

（2）引种与接种　每年的春、秋季节，当气温降至 28℃ 左右时即可引种入池。水蚯蚓的种源几乎在各地均有分布，例如城镇近郊的排污沟、港湾码头、禽畜饲养场及屠宰场的废水坑凼及皮革厂、糖厂、食品厂排放废物的污水沟等处，可就近采种。当地采种不便的，也可以从外地养殖场购买水蚯蚓做种。小规模养殖户也可从"淘宝网"寻找水蚯蚓的卖家，网购水蚯蚓来做种。种蚓可连同污泥、废渣一起运回，因为其中含有大量的蚓卵。接种工作比较简单，把采回的蚓种均匀撒在蚓池的培养基面上即可。每平方米培养 500～750 克蚓种为宜。

（3）饲料与投料　水蚯蚓特别爱吃具有甜酸味的粮食类饲料，禽畜粪肥、生活污水、农副产品加工后的废弃物也是它们的优质饲料。但是所投饲料（尤其是粪肥）应充分腐熟、发酵，否则会在蚓池内发酵产生高热"烧死"蚓卵与幼蚓。粪肥可按常规在坑凼里自然腐熟，粮食类饲料在投喂前16～20小时加水发酵，在20℃以上的室温条件下拌料，加水量以手捏成团、丢下即散为度，然后铲拢成堆、拍打结实，盖上塑料布即可。室温在20℃以下，需加酵母片促其发酵，用量是每1～2千克干饲料加1片左右。在第一天15:00—16:00拌料。第二天上午即能发酵熟化。揭开塑料布有浓郁的甜酸酒香味即证明可以喂蚓了。

欲使水蚯蚓繁殖快，产量高，必须定期投喂饲料。接种后至采收前每隔10～15天，每平方米应追施腐熟粪肥0.3～0.5千克；自采收开始，每次采收后即每平方米追施粪肥约0.5千克，粮食类饲料适量，以促进水蚯蚓快繁速长。投喂肥料时，应先用水稀释搅拌，除去草渣等杂物，再均匀泼洒在培养基表面，切勿撒成团块状堆积在蚓池里。投料前要关闭进水口，以免饲料漂流散失。

（4）擂池与管水　这是饲养管理绝对不能缺少的一个环节。方法是用T形木耙将蚓池的培养基认真地擂动1次，有目的地把青苔、杂草擂入泥里。擂池的作用，一是能防止培养基板结；二是能将水蚯蚓的代谢废物、饲（肥）料分解产生的有害气体驱除；三是能有效地抑制青苔、浮萍、杂草的繁生；四是能经常保持培养基表面平整，有利于水流平稳畅通。水深调控在3～5厘米比较适宜。早春的晴好天气，白天池水可浅些，以利用太阳能提高池温，夜晚则应适当加深，以利保温和防冻；盛夏高温期池水宜深些，以减少光照，最好预先在蚓池上空搭架种植藤蔓类作物遮阳。太大的水流不仅会带走培养基面上的营养物和卵茧，还会加剧水蚯蚓自身的体能消耗，对增产不利。但过小的流速或者长时间的静水状态又不利于溶氧的供给和代谢废物等有害物质的排除，从而导致水质恶化、蚓体大量死亡。实践表明，每平方米养殖池每小时有0.005～0.01米^3（5～10千克）的流量就足够了。水蚯蚓对水中农药等有害物质十分敏感，工业废水、刚喷洒过农药的田水或治疗鱼病的含药池水都不能用于水蚯蚓的养殖。

（5）采收与分离　水蚯蚓的繁殖能力极强，孵出的幼蚓生长20多天就能产卵繁殖。每条成蚓1次可产卵茧几个到几十个，一生能产下100万～400万个卵。新建蚓池接种30天后便进入繁殖高峰期，且能持续很久。但水蚯蚓的寿命不长，一般只有80天左右，少数能活到120天。因此及时收蚓也是获得高产的关键措施之一。采收前天晚上断水或减小水流量，造成蚓池缺氧，第二天一早便可很方便地用聚乙烯网布做成的小抄网舀取水中蚓团。每次蚓体的采收量以捞光培养基面上的"蚓团"为准。这样的采收量既不影响其群体繁殖力，也不会因采收不及时导致蚓体衰老死亡而降低产量。

为了分离出干净的水蚯蚓，可把一桶蚓团先倒入方形滤布中在水中淘洗，除去大部分泥沙，再倒入大盆摊平，使其厚度不超过10厘米，表面铺上1块罗纹纱布，淹水1.5～2厘米深，用盆盖盖严，密闭约2小时后（气温超过28℃时，密闭时间要缩短，否则会闷死水蚯蚓），水蚯蚓会从纱布眼里钻上来。揭开盆盖，提起纱布四角，即能得到与渣滓完全分离的水蚯蚓。此操作可重复1～2次，把渣滓里的水蚯蚓再提些出来。盆底剩下的残渣含有大量的卵茧和少许蚓体，应倒回养殖池。

（6）暂养与外运 水蚯蚓若当天无法用完或售尽，应进行暂养。每平方米池面暂养水蚯蚓10～20千克，每3～4小时搅动分散一次，以防结集成团缺氧死亡。需长途运输时，如果途中时间超出3小时，应用双层塑料膜氧气袋包装，每袋装水蚯蚓不超过10千克，加清水2～3千克，充足氧气，气温较高时袋内还需加适量冰块，确保安全运抵目的地。

第三节 鳝苗的捞取和培育

由于黄鳝在饵料不足时容易出现大吃小的现象，黄鳝产卵繁殖的小苗和亲鳝的个体差异太大，容易被池内的其他黄鳝吃掉，所以在开展鳝苗繁殖时，应将鳝苗捞出单独培育。

38. **如何发现黄鳝已经产卵？**

根据黄鳝不同年份的产卵情况，一般黄鳝的产卵期开始于5月中下旬，6月上旬左右为盛产期。各地条件不同略有提前或推迟，但总的差异不会很大。在5月上旬左右，若鳝池水草生长过密，应将其去除一部分，以免在黄鳝产卵时因水草过密，无法及时发现黄鳝吐出的泡沫。在阳光强烈时，水泥鳝池应搭上遮阳网遮阳。5月下旬以后，应于每天早晚巡池查看，一旦发现泡沫，应该及时插上标记，并注明发现日期。若黄鳝吐出泡沫后遇上下雨，泡沫会消失，一般黄鳝会很快重吐，若没有发现新的泡沫，则很可能是黄鳝转移了产卵的地方，应注意观察。一般黄鳝吐出泡沫，则会在一天左右后产卵。若一天后泡沫大小稳定，证明有黄鳝在对泡沫进行维护（补吐泡沫），有的泡沫可以看到明显的卵粒，也有的看不见卵粒，但此时黄鳝实际已经产卵，只是被泡沫完全盖住暂时看不见而已。

39. 如何捞取鳝苗？

鳝苗的捞取时间应根据产卵时的水温决定，若水温偏低（25℃以下），可以于发现泡沫后13～15天捞取，若水温较高，捞取鳝苗的时间应适当提前（10～12天即可捞取）。捞取鳝苗的方法为：准备一个塑料箱，箱内盛装半箱水，将有泡沫标记处的水葫芦快速提到箱子中，稍用力摆动，将水葫芦根须内的鳝苗洗出到箱中即可（彩图2）。捞苗时动作应迅速，避免影响其他黄鳝。捞出的鳝苗应该立即放入培育池进行培育。

在6月下旬繁殖结束后，应逐箱清理种鳝，将种鳝捕起进行集中催肥养殖。对于池内可能遗落的鳝苗，可以在水中留少量的水葫芦，并将繁殖池的水加深，"逼迫"鳝苗进入水草，再搂草起苗，连续2～3次，可将池内的小鳝苗基本捕捞干净。

40. 鳝苗培育有哪些具体操作？

自行繁殖的鳝苗在当年的成活率是比较高的，根据笔者的实践，一般健壮小鳝苗的培育成活率可以达到95％以上。部分小苗出现死亡主要是在孵化初期发育不完整所致。

（1）**鳝苗培育的设施**　少量培育黄鳝小苗，可以采用塑料盆、塑料桶、陶瓷水缸等家庭用具。批量培育黄鳝小苗，可以修建专门的水泥养鳝池，也可以使用网眼较小的网箱。

（2）**小鳝苗的投放**　对于同期产出的鳝苗，在初期的培育中，每平方米的培育面积可以投放 1 000～3 000 尾小苗。使用塑料盆等小型容器培育鳝苗的，40 厘米×60 厘米的塑料盒，可以投放 300～700 尾小鳝苗。容器内投放 1 株或多株水葫芦，以使鳝苗能够全部钻入水草根须中躲藏为佳。初期容器内的水深一般保持 3～5 厘米即可，以后随鳝苗的生长可适当加深。培育鳝苗的容器应放置在室内，并避免阳光直射，以保持水温的相对稳定。

鳝池内培育黄鳝小苗，同样需要在池内投放适量的水葫芦（彩图 3），保持水深 5 厘米左右。为了给黄鳝小苗创造比较阴暗凉爽的生活环境，还可以在池内适当投放一些小瓷片，瓷片的光滑面向下，以便鳝苗钻到瓷片下躲藏。

（3）**蛋黄浆的投喂**　由于小苗投放密度是比较大的，因此，在小苗投放的初期，应该采用向苗池中投喂鸡蛋黄的方式来进行营养补充。投喂鸡蛋黄的方式为：取一个煮熟的鸡蛋，去白取黄，蛋黄用双层纱布包住，在装有清洁水的盆中揉搓，使蛋黄溶于水中，将蛋黄水均匀地洒到苗池中，一般每平方米苗池或小密眼网箱每天使用 1 个鸡蛋，一直使用 7 天左右。蛋黄容易污染水，应做好水质的管理。有条件的，也可以捞取水中的轮虫等浮游生物来投喂鳝苗。

（4）**水蚯蚓的投喂**　当黄鳝小苗投喂蛋黄达到 7 天以上时，便可以对小苗进行投喂水蚯蚓。给小苗投喂的水蚯蚓要求鲜活，一般可以从市场购买或者自行到野外捞取，也可自行开展水蚯蚓的养殖。批量购买或捞取的水蚯蚓应放在有微流水的池内，没有水泥池的可以使用塑料盆加水管来给水蚯蚓提供微流水的条件。每平方米苗池每次可以投入约 10 克的鲜活水蚯蚓，供鳝苗随时取食。水蚯蚓不能一次投放过多，一方面是过多的水蚯蚓容易导致黄鳝小苗池（盆）内的水出现缺氧，另一方面水蚯蚓在水体溶氧较低时也容易死亡从而污染池水。当池内水蚯蚓快要被小鳝苗吃光时，应及时补投水蚯蚓。

使用鲜活的水蚯蚓投喂黄鳝小苗是目前较为理想的投喂方式。据笔者 2008 年实验，小鳝苗经 60 天左右的培育，平均体长可达 11.9 厘米。6 月份孵化的小鳝苗，全程使用水蚯蚓投喂，到秋季停食前，鳝苗的体长达到 16 厘米左右，体重达 10 克左右，且鳝苗自卵黄囊消失后，到停食时的成活率达到 99％，高于使用蚯蚓浆和配合饲料投喂的对比组。

自行繁殖培育的黄鳝小苗，经过一个冬季后，在来年的 4 月中旬左右开始投喂，到 5 月底便可以达到平均尾重 15 克（1 千克约 60 尾）左右的规格，此时即可投放到通用的养鳝网箱中开展催肥养殖。在良好的养殖条件下，养到年底便可上市销售。

第四节　鳝苗的繁育实例

1986 年，四川农科院水产研究所的赵云芳老师，参考普通鱼类的催产繁殖方法，对黄鳝进行催产繁殖，取得了成功，并获得一批鳝苗。自此，全国各地的科研院所和养殖场（户）均有大量人员投入到黄鳝的繁殖研究中来。在大批量人工催产繁殖遭遇瓶颈之后，大家又转向仿生态繁殖的探索，取得了较为可喜的成果，部分繁殖和培育模式已经应用于生产实践。

41. 如何利用有土小网箱开展仿生态繁殖？

湖北省监利县红城乡柳江红在长江大学杨代勤教授的指导下，于 2007 年开始尝试黄鳝的仿生态人工繁殖，摸索 5 年后终于取得成功，2013 年繁殖量达到了 200 万尾左右。在柳江红的带动下，湖北仙桃、天门等市纷纷开展起黄鳝的仿生态繁殖，具有代表性的是有土小网箱繁殖模式（彩图 4），该模式迄今已成为湖北等地开展黄鳝的仿生态繁殖的主要方式。该繁殖方式的主要方法如下。

（1）繁殖池的选择　用于繁殖的场地一般选择地势较低的池塘或稻田，要求土壤为壤土，保水性能较好且排灌比较方便，地块比较平整。

（2）小网箱的安放　用于繁殖的小网箱一般规格为长 1.5 米、宽

1米、深0.8～1米，网箱选用8目的"扣结"网片制作，每667米²面积安放小网箱400口左右。网箱内装泥土，厚度25厘米左右，水深10厘米左右，箱内投放3～5株水葫芦。

（3）**亲鳝的选择和培育**　一般亲鳝多从养殖户上年养殖的隔年苗种中选择，也有从上一年8月就开始选择亲鳝进行培育的。用于繁殖的亲鳝，一般雌鳝体重50～100克、雄鳝体重100～200克。选择的亲鳝可先用养殖网箱进行集中培育，投喂亲鳝一般使用水蚯蚓、蚯蚓、鱼糜等鲜活饵料，投喂量一般为黄鳝体重的5%～8%。

（4）**亲鳝的投放**　投放亲鳝的时间一般为每年4月20日至5月10日，水温在22℃以上，晴天投放；每口网箱投放雌鳝4尾、雄鳝2尾。

（5）**鳝苗的捞取**　发现亲鳝吐出泡沫后应做好标记，并根据水温情况确定捞苗时间。鳝苗刚孵化出来几天内，均会附着在水葫芦的根须上，提起水葫芦即可带出鳝苗，将水葫芦放置到带水的容器中进行晃动，即可获得鳝苗。

42.　如何使用小水泥池繁殖鳝苗？

四川省简阳市大众养殖有限公司具有多年的水泥池繁殖鳝苗经验。2012年，来自湖北省仙桃市张沟镇的田德斌在公司繁殖基地开展了直接利用当年收购的野生黄鳝开展黄鳝繁殖的试验，取得了较好的繁殖效果，60口小水泥池共获得鳝苗约13 000尾，平均每口达到200余尾。其基本做法如下。

（1）**繁殖场地的准备**　用于开展繁殖的水泥池（彩图5）规格为：长2米、宽1米、深50厘米。池内放黏土，并将土堆成堆，堆中间高度30厘米左右。池内装水，深度以淹没土堆为宜，在土堆的中央栽植水葫芦。投鳝前10天每口鳝池使用"鳝宝水蛭清"5毫升进行泼洒，以杀灭鳝池中的水蛭。

（2）**繁殖亲鳝的选择和投放**　4月上旬以后，待水温上升到20℃以上时，从熟悉的捕鳝者手中直接收购保护较好的野生鳝，选择规格适宜的黄鳝用作繁殖亲鳝。一般雌鳝的体重为30～50克、雄鳝为

100克左右。每口繁殖池投放5条雌鳝和2条雄鳝。

(3) 亲鳝的投喂　亲鳝入池后，前两天不喂食，从第三天起，每天傍晚采用整条的蚯蚓进行投喂，每个池每天投喂约20条活蚯蚓。待采食正常后，将中药"催情散"粉末黏附到蚯蚓的体表进行投喂。

(4) 繁殖期的管理　进入5月以后，应注意搞好水草的管控，将水草的覆盖面积控制在整个水面的1/3左右，对过多的水草进行拔除。发现泡沫及时进行标记，并根据天气和水温情况确定最佳捞苗时间。

(5) 亲鳝的起捕　到6月下旬以后，黄鳝的繁殖基本结束，此时即可将亲鳝捕捉出来集中育肥上市。

43. 如何利用仿生态的"Z字埂"繁殖鳝苗？

湖南省益阳市赫山区兰溪镇新杉木桥村的徐武勇，是个对黄鳝的仿生态繁殖比较痴迷的养殖者。他通过多年的细心观察，发现繁殖亲鳝喜欢在角落处打洞产卵，于是利用这个习性独创了"Z字埂"繁殖模式（彩图6）。2016年6月下旬，已经是黄鳝常规繁殖结束的时间，徐武勇在四川省简阳市大众养殖有限公司基地，应用约600米²的土池，首次在四川地区开展了"Z字埂"的反季节繁殖尝试。经近2个月的繁殖观察，共收获15窝鳝苗，获苗3 400余尾。主要做法如下。

(1) 设置"Z字埂"　选择黏性土壤的土池，将泥土进行起垄（类似四川种红薯起的垄埂），每条垄埂长度约2米，两端垄成一个弯角，整个垄条形如一个Z字。垄条宽30厘米左右，高度为20～30厘米。

(2) 栽植水草　在垄条的两端弯角处栽种1～2株水葫芦，以营造类似野外的生态环境。

(3) 亲鳝投放　选择发育较好，雌鳝腹部膨大甚至可见游离卵粒的亲鳝，雄鳝选择体重为雌鳝体重2～3倍的亲鳝，每667米²投放亲鳝500～1 000尾（每条垄埂投放1～2尾）。

(4) 投喂管理　使用水蚯蚓进行投喂，为了减少对亲鳝的惊扰，可以将水蚯蚓兑水泼洒投喂。一般每667米²每次投喂5～10千克鲜活的水蚯蚓，两天投喂一次（隔一天投喂一次）。

（5）**鳝苗捞取**　发现亲鳝吐出泡沫，可以在洞口投放 1～2 株水葫芦，以吸引鳝苗钻到水葫芦根须内躲藏，并做好时间标记。根据水温情况，发现产卵后的 9～13 天捞取鳝苗。繁殖结束后收捕亲鳝进行集中养殖。

44.　如何进行鳝苗高效培育？

2013 年，湖北省仙桃市的高级水产技工杨迟金在四川省简阳市大众养殖有限公司基地开展了鳝苗高效培育展示。采用该培育方法，培育鳝苗 8.4 万条，到 9 月底结束投喂，成活率达到 99%，鳝苗平均规格达到 11 克。其主要做法如下。

（1）**塑料盆培育**（彩图 7）　对刚捞起的鳝苗，用规格为 40 厘米×30 厘米×15 厘米的塑料盆来培育鳝苗。每盆投放鳝苗 500～1 000 尾，每个盆内放置一株根须丰富的水葫芦。盆内水深保持 5～8 厘米。采用从池塘内捞取的轮虫进行投喂，每个盆每天投喂 3～5 克，每天换水一次。投喂轮虫 5～7 天后，改投水蚯蚓。鳝苗习惯采食水蚯蚓后，将鳝苗转移到小网箱进行培育。

（2）**小网箱培育**　用于培育鳝苗的小网箱由 40 目的网片制作而成，每口面积 4 米^2。箱内采用水葫芦和水花生混合作为鳝苗养殖的水草。每箱内投放鳝苗 2 000 尾，全程采用水蚯蚓进行投喂，投喂量为鳝苗体重的 10%。

（3）**分箱**　当鳝苗长到体长 10 厘米左右时，可将鳝苗进行一次分级。分级后可将个体较大的放入到网眼稍大的网箱内养殖（由 20 目网片制作）。每口 4 米^2 的网箱投放鳝苗 1 000 尾，网箱内水花生厚度保持在 20 厘米以上。投喂仍然以水蚯蚓为主，对规格较大的鳝苗，也可适当补充投喂鱼糜，但应注意清理残饵。

第四章 黄鳝的养殖模式及技术

按照科学的方法建造养鳝场地，不仅是给黄鳝修建一个理想的"家"，更是为了方便我们的日常管理和实现良好的养殖效果。目前被养殖者普遍采用的养殖模式，都是数以万计的养殖者在养殖实践中不断改进完善的结果，是众人智慧的结晶。目前各地普遍采用的养鳝方式有室外网箱养殖、工厂化养殖和稻田养殖等。

第一节 黄鳝的网箱养殖

黄鳝的网箱养殖据说最初起源于山东省，后被湖北省荆州市监利县引进，2000年前后在监利县附近的湖北省仙桃市张沟镇先锋村获得了大的发展，当地人不断改进池塘网箱养殖模式，成为当地乃至全国各地竞相学习采用的一种养鳝方式。

45. 黄鳝室外网箱养殖有几种形式？

黄鳝网箱养殖是我国目前主要的养鳝模式。该模式在各地养殖户引进采用的过程中，根据各地不同的养殖条件，进行了一些改进，从而产生了一些新的网箱养鳝模式。目前主要的模式有以下三种。

(1) 池塘网箱 池塘网箱养殖黄鳝（彩图8），一般选取池水深度为1～1.5米，水位比较稳定的池塘来安放网箱。池塘网箱养鳝能获得飞速发展并一跃成为我国养鳝行业的主要模式，其优势主要表现在以下几个方面。

①投资较小。一般一口底面积为6米^{2}的网箱，价格在30元左右，一次性投入不大，可使用3年左右。

②方便在鱼塘开展黄鳝养殖。在鱼塘中设置网箱，养鳝养鱼两不

误，可有效利用水面，只要合理安排，对池塘养鱼没有明显影响。

③规模可大可小。网箱养殖可根据自身条件，规模可大可小。从一只到数百只甚至数千只以上，投资几百元至几百万元均可。

④操作管理简便。因网箱只需移植水草，劳动强度小，平时的养殖管理主要是投喂饲料和清理残食，管理项目少，简单方便。

⑤水温容易控制。网箱放置于池塘等水域中，水体较大，水温相对比较稳定，即便在夏季高温情况下，网箱水草下的水温也比较适合黄鳝栖息生长。

⑥养殖成活率高。网箱养殖由于水质清新，水温较为稳定，因而养殖成活率比其他养殖方式高。

（2）浮式网箱　在水位不够稳定的湖泊、河沟、水库以及水深在2米以上的池塘开展网箱养殖黄鳝，由于水位上涨时容易淹没网箱或由于水的深度过深不方便打桩固定网箱，养殖者于是参考水库浮式网箱养鱼的漂浮结构，结合池塘网箱养鳝模式，改进出了浮式网箱养殖黄鳝这种新方式。使用浮式网箱养殖黄鳝，网箱始终漂浮在水面，水位上涨不会危及养殖安全，是水位不够稳定地区的首选养殖方式。

由于浮式网箱是漂浮安放在水面较大的水库等水域，水质更为清新，同时，在黄鳝的吃食生长旺季，还可以每隔一段时间移动一下网箱，使网箱的水体环境更为优良。浮式网箱的安放一般都离岸有一定的距离，防敌害和防盗效果都很好。

（3）浅水网箱　在一些池塘较少而稻田较多的省份，为了缓解当地水产品供需矛盾，养殖者多使用稻田来开展水产养殖。据《中国渔业统计年鉴2015》的数据：2014年，四川省稻田养殖面积为30.7万公顷，产量31万吨，均位列全国第一。当网箱养殖黄鳝模式传入四川地区后，养殖者同样使用了稻田来设置网箱开展黄鳝养殖。这种模式参考了最初的有土网箱，同时吸收利用了湖北池塘网箱无土养殖的一些基本方法，通过反复改进，克服了使用稻田改建土池存在的因池水比较浅、水体相对较小、网箱不能离开地面而水温相对不够稳定、水质容易变坏等缺点，形成了一种新型的养殖模式，这种模式在江西、重庆等地也有部分养殖户使用，取得了较好的养殖效果，在部分地区甚至成为了当地黄鳝养殖的主要方式。

46. 池塘网箱如何架设？

在池塘开展网箱养殖黄鳝，首先需要做的准备就是在池塘内架设网箱。网箱应提前安放，利于藻类着生而使网布光滑，避免擦伤鳝体。在池塘架设网箱需要完成以下步骤。

(1) 网箱准备 养殖黄鳝的网箱有多种规格，但在池塘网箱养殖中，使用最为普遍的规格是 6 米^2 和 4 米^2 的。

6 米^2 的网箱，其规格为：长 3 米、宽 2 米、深 1.2 米；4 米^2 的网箱为长 2 米、宽 2 米、深 1.2 米；部分地区也有只做 1 米深度的。以上尺寸一般是生产厂家下料的尺寸，实际制作出的网箱因为缝制时需要卷边，会比上面的规格略小。

制作黄鳝养殖网箱的材料也经历了不断的改进，最初使用的聚乙烯网布被称为"无结网"，这是相对于后来的"有结网"（也称"扣结网"）而言的。无结网的网片较薄，网片有一定的伸缩性，若使用钥匙等工具稍稍用力即可把网眼转大。在养殖户们大量使用有结网之前，还使用过一种"七绞网"制作网箱，这种网片由于每股网线为 7 根细线，相对较厚实，比"无结网"更为耐用，但在黄鳝的防逃方面，还是不如目前被仙桃地区养殖户广泛使用的"有结网"。所谓"有结网"就是网线的每一个交叉都打了一个结，这样网布的网眼很固定，使用钥匙等工具基本不能将网眼转大，是目前防逃效果最好的网箱。当然，由于"有结网"的制作稍显复杂，网片的价格也要比"无结"要高一些。一口用"有结网"制作的 6 米^2 的网箱，其成本一般会比"无结网"高 6~8 元。但其防逃性能良好，使用年限一般会比"无结网"制作的网箱多 1~2 年。

对于养殖新手，最好直接选用"有结网"制作的网箱来开展黄鳝养殖，不要再去选用"无结网"制作的网箱，虽然便宜一点，一旦出现穿箱逃鳝，损失巨大。

选择网箱还应注意一定要选购使用"全新料"网片制作的网箱。有的网线系掺有部分废料制作，会严重影响网箱的使用寿命，危及养鳝的安全。鉴别的方法为：取少量网线进行燃烧，全新料燃烧彻底而没有灰烬，掺有废料的网线燃烧不彻底而留有灰烬。

（2）支架的准备及打桩　在池塘架设网箱，一般是在池塘隔一段距离打一个桩，并用铁丝相连，然后将箱口固定到与铁丝相平。用于打桩的材料选择木棒或竹竿均可。一般两口网箱需要准备大约 4 根木棒或 6 根竹竿。池塘水深 1.2 米左右，竹竿或木棒的长度应在 2.3 米左右（打到泥里约 50 厘米，水面上露出约 60 厘米）。由于一般池塘都不是很平整，可能有的地方需要更长的竹竿或木棒，一般购买或使用前下料，都是按 2.5～3 米一段来准备。竹竿的直径最好在 5 厘米以上，木棒的直径最好在 8 厘米以上，粗一点的更耐用一些。使用前先将其一端削尖，以便打桩。

用于悬挂网箱的铁丝最好购买镀锌铁丝，这种铁丝不容易生锈，可以使用多年。实在购买不到的，也可以购买普通铁丝。铁丝的直径为 5 毫米左右即可。湖北仙桃等地的养殖户习惯购买废品收购站出售的旧钢丝，可以根据当地情况做具体的选择。

使用竹竿或木棒都可以作为网箱的支架。使用竹竿挂箱的方法比较简单，就是相当于在网箱的四角各打一根竹竿，然后将网箱四角的绳子捆绑到竹竿上即可。由于网箱是成排安放的，所以，实际上多数竹竿是两个网箱共用的。

图 4-1 是使用竹竿作为支撑架悬挂网箱的平面示意图。为了使网箱内的水体与池塘水体保持较好的交换状态，也为了方便平时的管理，安放 6 米² 规格的网箱时（网箱长 3 米、宽 2 米），养殖户一般都把网箱与网箱的间距设置在 1 米左右，一排网箱与另外一排网箱的距离则保持在 2 米左右。

在图 4-1 中，1 号竹竿与 2 号竹竿的距离为 4 米；1 号竹竿与 3 号竹竿的距离为 2 米；3 号竹竿与 4 号竹竿的距离也是 2 米。

多数养殖户是使用木棒加铁丝来支撑网箱的。其布局方法如图 4-2。

在图 4-2 中，1 号木桩与 5 号木桩的距离为 8 米；2 号网箱边与 3 号网箱边的距离为 1 米，4 号网箱边与 5 号木桩的距离约为 0.5 米；4 号网箱边与 6 号网箱边的距离也是 1 米；1 号木桩与 7 号木桩的距离为 2 米；7 号木桩与 9 号木桩的距离也是 2 米；9 号木桩与 8 号斜桩的距离为 1～2 米。

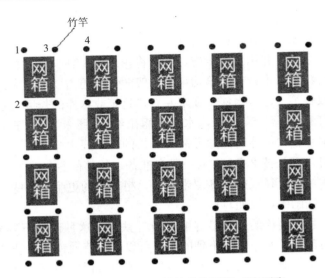

图 4-1 在池塘中使用竹竿悬挂网箱（平面图）

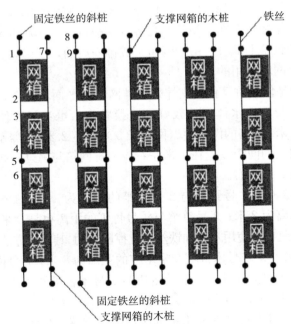

图 4-2 在池塘中使用木棒与铁丝支撑网箱（平面图）

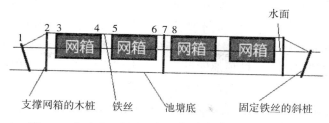

图 4-3　在池塘中使用木棒与铁丝支撑网箱（剖面图）

图 4-3 是使用木桩和铁丝支撑网箱的剖面图。在图 4-3 中，2 号木桩与 7 号木桩的距离为 8 米；2 号木桩与 3 号网箱边的距离为 0.5 米；4 号网箱边与 5 号网箱边的距离为 1 米。

为了保证网箱安放的牢固和方便平时的管理操作，一般布置网箱都是成排进行的。使用竹竿或木棒打桩的方法是：先从池塘的一边开始打桩，第一排桩打好后，再按前面说明的距离打第二排桩，直到把池塘内的桩按要求打满。

每一排网箱的间距为 2 米，或根据池塘的布局情况，将部分网箱的行间距离调整至 2 米以上。总的一条原则是把握好一口池塘的网箱安放数量，并尽量使其分布比较均匀。安放 6 米^2 的网箱的一个基本原则是网箱的行距不小于 2 米，箱距不小于 1 米。

对于在 3 335 米^2 以上较大水面安放网箱的，应使网箱距池边保持 10 米以上的距离，方便平时行船和防鼠。对于池塘不很规则、面积又很小的，有的网箱和池边不能保持 3 米以上的距离，实践中也是存在的，只要不是很影响操作，也不一定非要恪守上面的标准。

打桩的时候最好池塘里面有一些水，以便以水面高度为准，将木桩的高度调整到与水面距离相同，这样可以使全池的桩高保持一致（不能打下去的多余部分，可以锯掉）。

打桩的方法很多，在规模化操作中，湖北仙桃养殖户有采用两三个人联合举起一个木头树墩来进行打桩操作的。这种方法可以提高打桩的效率，可以供大规模养殖户在打桩时参考。对于小规模的打桩，则任意采用方便的方法即可。

使用木桩的，在打桩完成后，应沿网箱的安放方向拉上铁丝。一般将铁丝拉直即可。对于较大的池塘，为了将铁丝拉直，有的养殖户使用电工拉电线用的"紧线钳"或"正反丝"（这种工具一般在五金店可以买到）进行辅助，但不要过分用力，防止铁丝被拉断。

拉直的铁丝一般是固定在木棒的顶端，用铁钉或一段弯成 U 形的铁丝将其固定在木桩顶即可。对于水位不稳或打算使用池塘网箱开展浅水收养春季鳝苗的，为了灵活调整网箱的悬挂高度，可以在木棒的一侧钉上钉子，将铁丝固定在铁钉上，以后若要升高或降低网箱，只需要把铁丝移动到更高或更低的铁钉上即可。对于使用竹竿的，如果也需要方便升降网箱，则可以在竹竿的上端绑上一根横杆，并顺网箱的方向拉上铁丝。

（3）挂箱　对于购买的成品网箱，一般其四角都会带上绳子，挂箱时只需将网箱四角的绳子系到竹竿上即可。为了以后收取黄鳝和升降网箱方便，将绳子拴到竹竿上时，最好是系"活扣"，以便以后能一拉就掉，节省解扣时间。对于使用木桩拉铁丝或竹竿拉有铁丝的，挂箱就是把网箱四角的绳子系到铁丝上。系绳时应稍加用力拉直，防止网口下垂，并将两个网箱的绳子连接起来，避免绳子的扣结滑动。箱口与铁丝尽量保持一致。如果出现中间下垂的，可以使用塑料扎带或铁丝将其进行捆扎。

47.　浮式网箱如何架设？

在水库、湖泊、河流等水体深度大于 2 米的深水区域或水位不够稳定的池塘开展黄鳝养殖，通常需要设置浮式网箱。

笔者在走访学员时，经常发现有学员遭遇洪水冲跑黄鳝或洪水淹没网箱造成黄鳝逃跑的情况。对于使用山坪塘、水库边池塘等有可能被洪水淹没网箱的水域养殖黄鳝的，应尽可能设置浮式网箱，以避免不应有的损失。

浮式网箱的箱体大小与一般池塘相同，只是在安放上略有不同。具体安装方法如下。

（1）漂浮支架制作　用三角支撑架代替原来的木桩或竹桩，即先取 4 根比网箱长宽略长的竹竿，捆绑成一个长方形的竹框，在框的四角绑上三角形的支撑架，支撑架的高度一般为 60～100 厘米，然后再将网箱的四角绑到支撑架上，使网箱绷开并使网口保持比较平整即可。网箱投入水中后，依靠竹竿的浮力，完全可以漂浮于水面上。所以，网箱四周的竹竿不应该太小，一般以直径大于 5 厘米为好，过小不能支持网箱漂浮。在没有竹竿的地方，也可以使用塑料泡沫作为浮子，能够托起网箱使其漂浮在水面。

（2）网箱安放　浮式网箱若安放在池塘，则其布置与池塘网箱基本一致。若是安放在水库等水体较大的水域，为了方便日常管理，一般是将两排网箱并排组合在一起。有的还设置了管理人员的走道。由于设置走道的成本较高，所以建议新做浮式网箱的养殖者不用设置走道，完全依靠撑船进行日常管理也是非常方便的。

（3）网箱固定　为了防止刮风或洪水期间网箱被冲走，设置好浮式网箱后应使用钢绳等材料将网箱拉向岸边进行固定。也有仿照船舶停靠下锚的方式，在沉入水底的石头等重物上系上绳索，将网箱浮排固定在一定的区域，避免被风吹走。

48.　浅水土池的网箱如何选择和悬挂？

在水深只有几十厘米的稻田里面设置网箱来开展黄鳝养殖，这在很多年前就有。甚至有人在网箱中还加入泥土，被称为"稻田有土网箱养殖"。在池塘网箱养殖黄鳝技术兴起之后，全国各地都在效仿学习。但像四川、重庆这些地区，当地的养鱼池塘不多，直接将稻田开挖成鱼塘，一些地方政府是禁止的，特别是基本农田，国家相关法律也不允许。为了利用当地条件开展黄鳝养殖，大众养殖公司和各地黄鳝养殖者一起，摸索改进出使用普通稻田架设网箱开展黄鳝养殖的模式。由于这种模式在养鳝的同时不种植水稻，所以，笔者将其定名为"浅水网箱养殖"。该技术方法充分利用了池塘网箱养殖黄鳝的一些成功经验，并对在浅水养殖条件下存在的一些缺点进行了改进，使目前的浅水网箱养殖黄鳝能够取得和池塘网箱养殖黄鳝相同的增重效果，并具有养殖成活率更高，设施投入更少，更方便开展春季收苗等诸多优点。经大众养殖公司和四川、重庆、江西等地的养殖户证实，这确实是一个非常值得推广的养殖新方式。

在浅水土池中开展网箱养殖黄鳝，最初是像池塘一样使用 6 米² 规格的网箱，但经过两年的养殖和改进对比，后来全部改用了 3 米² 的网箱，其原因如下：

①分布更加均匀。使用 3 米² 的网箱，在网箱数量上比 6 米² 的增加了 1 倍，均匀安放到土池中，可以使黄鳝在池子中的分布比使用6米² 的网箱更加均匀，有利于克服浅水土池水体较小、容易污染的缺点。

②可以提高驯化开口率。使用较小规格的网箱，有利于提高黄鳝的驯化开口率，对于新手来说更加适合采用。

③操作更方便。使用 3 米² 的网箱，仅相当于 6 米² 网箱设立 2 个投食点，劳动强度几乎不会增加，尤其是在清理网箱、起捕黄鳝时，完全可以一个人操作，而使用 6 米² 的一般都需要两个人才好操作。

浅水土池内设置网箱的方法比池塘简单。有的养殖户就是在网箱的四周插上竹竿，将网箱的四角系在竹竿上即可，也可以像池塘架设网箱一样，用木棒打桩，拉铁丝挂网箱。不过，3 米² 的小网箱，其网箱的悬挂和 6 米² 不同的是：3 米² 的网箱是"横"着悬挂的，也就是网箱是短的一边靠走道，这样可以在拉相同铁丝的情况下增加安放网箱的数量。具体可以参看图4-4。

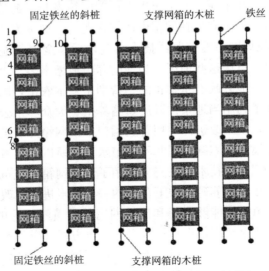

图 4-4　浅水土池中 3 米² 网箱的安放（平面图）

在图 4-4 中，木桩 2 和 7 的距离是 9 米，两根木桩之间是安放的 4 口 3 米² 的网箱（3 米² 的网箱是长 2 米、宽 1.5 米）。网箱间距（图中网箱边 4 和 5 的距离）0.7～0.8 米，木桩 2 和 9 的距离为 2 米；木桩 9 和 10 的距离也是 2 米。整体的打桩和安放 6 米² 的网箱没有区别。

每 667 米² 可以设置 3 米² 的网箱 40～50 口。如果设置 4 米² 的网箱，其挂箱的口数可以和 3 米² 的相同。若是使用 6 米² 的，则只需要挂 20～25 口网箱即可（比 3 米² 的数量减半）。

49. 养鳝池一般需要哪些配套设施？

在开展黄鳝养殖和日常管理中，通常还需要配备一些相应的设施。

(1) 小船的准备 用于开展黄鳝网箱养殖的池塘，在正常开展养殖时，其水深一般都在 1 米以上。为了方便养殖管理，养殖者一般都需要准备好小船。由于投喂黄鳝多是集中在天黑前的一段时间，为了能够在一定的时间范围内投喂完毕，一条小船的管理范围应控制在最多 200 口网箱（6 米² 规格，3 米² 两口算 1 口），若养殖的网箱比较多，则应适当多配小船。

在湖北仙桃等地，养殖者比较常用的小船是水泥船，这种船在长江中下游的养殖户中使用比较普遍。该船使用水泥砂浆并以铁网和铁丝做"筋"制作而成。一般一条小船的制作或购买成本在 500 元左右，比较经济实用。但有的小船制作过于节省，导致每年夏天都会有养殖户的水泥船因载重或碰撞出现断裂沉水的事件发生。

玻璃钢船是一种比较理想的管理小船，不仅船体较轻，搬运或在水中划动都比较轻便，也非常耐用和美观。但玻璃钢船船的制作厂家比较少，购买不一定方便。玻璃钢船的价格也比较高，一般长度在 3～4 米的养殖用玻璃钢小船，其价格通常在 1 000 元左右。一些小规模养殖户利用废旧的汽车轮胎和木板或竹竿、木棒等材料，自制代替小船的浮筏（彩图 9），成本非常低廉（一般制作一个浮筏仅花费 100 元左右），非常值得部分初养者尤其是小规模养殖户借鉴。

（2）**鲜料加工设备的准备**　养殖投喂黄鳝需要使用较大数量的杂鱼肉浆（鱼糜），所以养殖者应准备一台专用的绞肉机。用于绞制杂鱼肉浆的绞肉机，有多种型号供大家选择。一般的经验是：32 型的投料口比较小，绞碎较大的鱼（1 千克以上），就需要先用刀砍烂。因此笔者建议一般规模养殖户，最好是购买 42 型的绞肉机。该机器一般售价 700～800 元（包括 2.2 千瓦的电机，若选配高质量电机，价格还要高一点）。该机器一般一个小时可以绞碎杂鱼 100 千克左右，适合养殖 6 米^2 网箱 300 口以下的养殖户使用。对于规模较大的养殖户，可以多配置几台绞肉机或购买较大型的绞肉机，比如 52 型（彩图 10）或 62 型。

（3）**冰柜的准备**　养殖者在养殖过程中需要存放鲜鱼，所以一般都需要购买冰柜。常见的冰柜一般有 150 升到 500 升多种规格，可以根据自己的养殖规模和鲜料购买的方便程度灵活选用。一般养殖 6 米^{2}50 口左右的网箱小养殖户，可以购买 150～200 升的冰柜。养殖规模较大的，可以购买容积稍大的冰柜。

（4）**称量设备的准备**　称取鳝苗、饲料等原料时，需要用到秤。小规模养殖可以使用一般家庭使用的秤进行称量即可。规模较大的最好购买一台适当量程的电子秤。

一般养殖户可以购买最少能够称量 1 克的电子秤即可，有较高要求的也可以购买能精确到 0.1 克甚至 0.01 克的精密电子秤，以方便称量药品或少量原料。

（5）**投喂和打残食工具的准备**　投喂黄鳝一般是购买一个稍大的铁勺（勺口的直径在 10～15 厘米比较适宜），然后在勺柄上绑一根长度 1 米左右的竹竿或硬质的塑料水管，即可作为给黄鳝投食的工具。用来打残食的工具是农村常用的塑料粪瓢（四川多数地区称为"瓜铛"）。可以从一般的农具商店购买到，用 2 米左右的竹竿或木棒做个手柄就可以使用了。

（6）**鳝苗的运输和分级设备**　开展黄鳝养殖，多数地区的养殖户需要自己去收购野生黄鳝，为了方便运输，需要购买相应的容器。一般养殖户多购买方形的塑料箱，这种箱一般长 50 厘米、宽 40 厘米、高 40 厘米左右，有白色、蓝色等多种颜色。养殖者可以准备几个这样的塑料箱，一方面用于鳝苗的收购，另一方面也可以用于盛装黄鳝饲料、鲜鱼等。在运输鳝鱼使用时，可以用竹篾编制或木片制作一个大小适宜的盖子，以免在运输时出现黄鳝外逃现象。在湖北仙桃等地，也有养殖户请工匠用白铁皮制作类似的运输箱，这种箱子安装有方便的提手和带小孔的盖子，更加适合黄鳝的装运。

　　一般每批收购鳝苗在 100 千克以下的，可以不用配置专门的鳝苗分级工具。少量的鳝苗分级完全可以手工分拣。对于每次收购鳝苗数量较大的养殖户，则有必要配备相应的鳝苗分级设备。比较常见的鳝苗分级设备是一般鱼苗分级使用的"分级筛"，这种分级筛有竹制的，也有铁制的。一般最好配置两个分级筛，一个是 9 "朝"的，可以将50 克以上和 50 克以下的分开，一个是 7 "朝"的，可以将 25 克以上的进行分级。养殖者也有按自己的分级规格，找白铁师傅用铁管制作专用分级筛的。

　　（7）夹子的准备　　用手捞取上草的病鳝或死鳝不一定方便。可购买一个厨房夹煤或柴禾用的夹子（四川俗称"火钳"），或者自己用竹片制作一个夹子均可。目前也有人制作专用的夹子（彩图 11）出售，一般每个 10 元左右。

　　（8）鱼棚的设置　　黄鳝属于价值较高的经济鱼类，且集中放养在网箱内。若没有专人看守，很容易发生被盗的情况。使用池塘开展黄鳝养殖的养殖者，一般都在养殖黄鳝的池塘边搭建简易的鱼棚，一方面方便看守黄鳝的人员休息，一方面用于平时存放饲料及养殖用具。

50. 网箱养鳝水草如何选择？

　　最适合网箱养鳝使用的水草有两种，即水葫芦和水花生。水葫芦学名凤眼蓝，也称凤眼莲、水浮莲等；水花生学名喜旱莲子草，也叫革命草、空心苋等。在湖北、湖南等黄鳝养殖主产区，网箱养殖黄鳝几乎都是采用的水花生作为养鳝水草。水花生生长茂盛、在水面附近可以形成厚达 30 厘米的水草层，且底层水草不容易出现大量的腐烂现象，是目前发现最适合作为代替泥土用于黄鳝养殖的理想水草。但

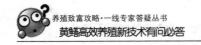

是，由于水花生叶片在夏季容易被害虫为害，导致叶片和嫩芽被虫吃光而无法达到给黄鳝遮阳的目的，因而在江西及安徽的部分害虫高发地区，当地养殖户普遍使用水葫芦作为养鳝水草。

51. 水草如何铺设？

给网箱铺设水草应至少在准备投放鳝苗前20天进行，以确保鳝苗入箱前水草已经生长茂盛。在野外水草非常茂盛的季节收取水草，可以只选割水面以上的水草，这样的水草恢复快、长势好，是采集养鳝水草的首选。早春采集水草时，由于野外的水草尚未生长茂盛，此时则应着重采集水花生的老茎。

网箱中水花生的投放量没有一个明确的规定。离进苗时间近可以多放点，远就少放点。池塘的水瘦就多放点，肥就少放点。温度低就多放点，反之则少放点。经验显示，合适的水草投放量每箱（6米^{2}网箱）为40～50千克。如果单从覆盖的面积来看，新铺设的水草至少应覆盖网箱内2/3的水面，并尽量保持一定的厚度。

在给网箱铺草的同时，也可以在网箱外投放少量的水草。这样，在养殖黄鳝期间，如果有黄鳝逃出网箱，可以避免因为池水很深造成黄鳝被"淹死"，养殖者也可以很方便地通过"搂草捕鳝"将逃跑的黄鳝捕回。

52. 养鳝池塘可以套养其他鱼类吗？

在黄鳝养殖池塘中适量放养鲢、鳙（花鲢、胖头鱼）、草鱼，可以更好地营造适宜养殖黄鳝的水体环境，便于保持良好的水质，同时，套养的鱼类还可以增加养殖效益。在湖北仙桃等地，养殖户依靠池塘套养的白鱼（鲢、草鱼等）卖的钱，就可以支付池塘的租金。

一般每677米^{2}池塘投放规格为每尾500克左右的草鱼20～30尾、鲢50尾、鳙20尾，草鱼可采食塘中的水草和浮萍，鲢可采食黄鳝和草鱼的排泄物和藻类，有助于保持较好的水质。鳙主要采食水体中浮游动物，能避免水体较肥时浮游动物过多大量耗氧，从而使水体溶氧能保持较高的水平，利于池塘中有机物的分解。草鱼吃光池塘水草后，主要吃食网箱打出的残食，可以减少残饵对水质带来的直接污染。对于池塘中小田螺较多的，还可以少量投放青鱼或中华倒刺鲃（四川称"青波"），一般每 667 米^2 水面放养 1.5～2.5 千克（500 克左右的 3～5 条）即可。养殖者可以参考以上数据并根据自身池塘的情况做适当的增减。

部分养殖者在池塘内投放鲫，这里建议最好投放不繁殖的品种，比如湘云鲫、异育银鲫（白鲫）、麻鲫等，要尽量避免带入野生鲫的卵和苗，更不要投放野生鲫。因为鲫鱼小苗如果在培植水草期间钻入网箱，后期就会和黄鳝抢吃饲料。最后高价的黄鳝饲料养殖出了低价值的鲫，得不偿失。投放不繁殖鲫的数量也应控制，一般每 667 米^2 池塘水面的鲫不要超过 50 千克为宜，以免池塘载鱼量过大，引起水体缺氧，造成死鱼，也影响黄鳝的养殖效果。

池塘内不能投放鲤，并要尽可能避免带入鲤鱼卵和苗，因为鲤容易到网箱边来吮吸黄鳝饲料，个体大的（1 千克以上）容易从网箱底部顶起箱底来吮吸黄鳝饲料，给黄鳝的吃食带来极大的影响。

53. 鳝苗收购有哪些方式？

目前全国的黄鳝养殖绝大多数是收购野生黄鳝来进行"催肥"养殖。收购野生黄鳝用于养殖，在春夏旺季以每千克 40 元左右收购回来，养殖到冬季以 60～80 元/千克卖出去，可以赚取到可观的季节差价。但季节差价并不是目前开展黄鳝养殖的主要利润来源，其更多的利润来自于养殖黄鳝的增重所获得的养殖效益。

根据养殖户的实践，养殖增重 1 千克黄鳝，一般需要花费 20 元左右的饲料成本，而 1 千克黄鳝的销售价格却可以达到 60～80 元，可以获得 40～60 元的利润。由此可见，养殖黄鳝的效益是养殖普通鱼类的数倍，这也是各地开展黄鳝养殖比较踊跃的主要原因。

收苗的季节因地区而异，在长江中下游地区，目前主要是夏季收苗和秋季收苗两种方式；而在四川和重庆地区，则主要是开展春季收苗，其次是夏季收苗，秋季收苗在多数地区都不适用。

夏季收苗是指每年在6月上旬至7月中旬这段时间收苗投放，此期间一般水温在25℃以上且水温比较稳定，野生黄鳝经历了一个较长时间的吃食恢复体质，且繁殖产卵高峰也基本过去，此时收购的鳝苗投放养殖后成活率高，容易开口吃食，能够获得较好的养殖生长效果。养殖户夏季收购的鳝苗，养殖到10月底左右停止投喂，一般可以增重1～3倍，是养鳝发展初期的主要收苗方式。

春季收苗比夏季收苗早，所以在湖北等地称之为"收早苗"。春季收苗一般在4—5月进行。在四川盆地，由于鳝苗多来自于稻田，夏季水稻生长茂盛后，当地捕捞上市的野生黄鳝就会急剧减少，养殖者很难像长江中下游地区一样开展夏季收苗。为此，养殖户利用当地春季气温上升较快且比较稳定的良好条件，开展春季收苗养鳝。实践证明，在水温达到22℃以上时，只要充分把握好鳝苗的来源，尽量减少捕捞和贮存对鳝苗的影响，在四川盆地开展早苗的收购养殖是可行的。即便春季收苗的成活率不高，但由于鳝苗价格低廉，养殖吃食时间较夏季收苗长，养殖到10月以后停食，一般也能获得较好的增重效果。

在长江中下游地区如安徽，也有部分养殖户采用大棚等保温方式在春季开展早苗收购，部分养殖户取得了不错的养殖效果。

秋季收苗是指7月下旬至8月中旬这段时间收苗投放，该时期投放的鳝苗在当年的吃食时间不多，难以获得较好的增重效果，养殖户一般是将鳝苗越冬养到第二年夏秋季以后上市，所以人们也称这种收苗养殖方式为"两年段养殖"，湖北则将此时投放的鳝苗称作"隔子"。一部分养殖者在秋季收苗，可以缓减野生鳝苗供应紧张的局面。因秋季投苗的养殖户相对较少，苗价可能会比夏季低，且质量相对更有保障。秋季苗在第二年春季开口吃食早，当年的投喂时间长，一般都可以获得比当年苗更好的增重效果和更大的黄鳝规格。近年来，这种收苗方式在当地养殖户较多、需要大量从外地调苗的湖北仙桃等地使用较多。

54. 夏季如何收苗？

夏季收苗在湖北仙桃等养鳝主产区使用最为普遍。在湖北仙桃的张沟镇，每年夏季放苗旺季，该镇每天都要销售鳝苗达 30 多卡车，日交易量达 10 多万千克。该地区的鳝苗主要来自安徽、河南、江西以及湖北的一些地区。当地养殖户最为钟爱的是河南苗（据说吃得多、长得快）和本省苗（运输时间短，成活率比较有保障）以及安徽苗（成活率较高），近年来，一些鳝苗运销商掺入劣质的四川、重庆苗以及养殖户的淘汰苗来冒充河南苗或安徽苗来进行高价销售，令养殖户损失惨重。为降低成本和风险，有部分养殖户单独或联合起来直接去河南或安徽等地收购野生鳝苗。夏季收苗的具体技术方法如下。

（1）**夏季收苗的具体时间**　经养鳝者多年实践，夏季收苗的最佳时间是国历（阳历）的 6 月 20 日至 7 月 10 日（具体根据当年的气温情况略有提前或推迟）。此阶段的野生黄鳝，由于经历了较长时间的采食，其体质远比早春鳝苗强壮，且 5 月的雌鳝怀卵盛期已经过去，加上初夏江淮流域一带经常出现的阴雨天气即将结束，晴好的天气为鳝苗收购提供了很好的外部条件。所以，各地养殖者都一致坚守夏季收苗放苗的黄金时间。

湖北仙桃的部分养殖户会在水温上升并且稳定在 25℃时（这个时间在仙桃一般进入 6 月以后才能达到），开始尝试少量收购鳝苗进行投放。一些比较谨慎的养殖户往往是看先收苗的养殖户没有出现大的问题了，自己才开始收苗投放。所以，实际上养殖户大量投苗的时间会因当年大家投放后的实际情况有所提前或推迟。比如 2008 年，由于当年春季干旱，养殖户按常年时间投放的鳝苗大多有些问题，当年在 7 月 10 日才进入鳝苗的收购高峰；2013 年，由于先收苗的养殖户状况比较良好，6 月 10 日之后就有很多养殖户抢先下苗了。黄鳝苗的价格也会因仙桃养殖户投苗高峰的到来而出现非常明显的上涨，并影响全国的鳝苗和成鳝的价格。

（2）**收苗的几种方式**　在多年的鳝苗收购实践中，形成了多种收苗方式，主要有如下三种。

①从鳝苗市场购买鳝苗。随着黄鳝养殖的发展，在黄鳝养殖发展比较集中的地区，逐渐形成了鳝苗的交易市场。湖北省仙桃市张沟镇的鳝苗交易市场，是我国最早形成的鳝苗交易市场。每年的 6 月至 7

月，每天都有大量的来自全国各地的鳝苗贩运到此销售，高峰期日交易量达 10 多万千克。从鳝苗交易市场购买鳝苗，是黄鳝养殖集中区的养殖户采购鳝苗的主要途径。从鳝苗市场购买鳝苗，需要做到"两看"，即看天和看苗。

a. 看天。最理想的放苗天气为"前三后三"，即放苗前有三天以上的晴天，放苗后也有三天以上的晴天。这个必须要根据当地当年的气候来决定。一般养殖户能够把握到"前晴二后晴一"。在有多个晴朗天气的放苗期，苗价也相对较高，放苗期如果遇上下雨，养殖户都不敢下苗，苗价就会陡然下降，也有养殖户收购这种比较便宜的"雨苗"用于养殖的，这需要对鳝苗质量及存放处理过程具有一定的把握能力。

此外，养殖户不仅要注意查看当地的天气，还应注意了解苗源地的天气，以尽量避免买到雨天起捕的鳝苗。

b. 看苗。所谓看苗，就是要通过一些措施来查看苗的质量。可以用手抓，试试黄鳝的活力；用手轻易就能捕捉到的一般是有病的苗。也可以随机捞取一点黄鳝，查看黄鳝的体表，看是否有外伤等现象。体表外伤较多的，可能是捕捉方式不对。如果发现有体表或尾部长霉的，一般是长时间存放或经多次转手的次苗。经过长途运输的黄鳝，由于水中有黄鳝的呕吐物及脱落的黏液，水体会比较浑浊，如果发现水体很清，则有可能是苗贩的苗质量不好刚进行挑选过并换水的（养殖者俗称"过水苗"）。还有的苗贩为了提高长途运输的安全度，采取在苗箱内加冰的做法，这种经历了低温刺激的苗投放后容易出现感冒症，养殖者用手摸箱内的水，若水温过低，则有可能就是"冰苗"。

对于从鳝苗市场购买鳝苗，除了仔细挑选供苗商，还需要打出残弱鳝苗。在一个运输箱内，健康的黄鳝会往下钻，体弱的就会被顶到表面。将每个箱的表面黄鳝打出，只要中下层的黄鳝用于养殖，可以增加投放的成活率。

②从外地批量收购鳝苗。近年来，湖北仙桃等地的一些养殖户，为了保证鳝苗的收购质量，纷纷前往河南、安徽以及省内养鳝户不多但鳝苗资源比较丰富的地区收购鳝苗运回养殖。收购和运输方法

如下。

通过了解找到捕鳝者比较集中的地方，自己或经过中间商收购捕鳝者当天捕捉的黄鳝，加入相当于鳝苗体重4倍以上的池塘水（注意不能用水温较低的深井水，以免导致黄鳝感冒）浸洗黄鳝，并对黄鳝进行分级。给黄鳝分级可以使用分级筛，很多黄鳝收购商都有这个工具，如果没有也可以自备。在笼捕鳝苗比较充足的地区（如长江中下游各省），可以只要规格较小的鳝苗（条重10~30克均可）。对于鳝苗较为缺乏地区，也可以同时收购条重30~50克的鳝苗。在收购起来以后可以立即进行分级，也可运回后分级。对于收购到的大规格黄鳝，可以直接卖给黄鳝收购商，赚取差价利润（全国各地的黄鳝行情都是大的贵、小的便宜，初次开展鳝苗收购的养殖者需要熟悉市场行情）。运输路程比较短且当时气温不是很高（不超过30℃），可以直接运回投放。需要进行较长路途的运输或当时的气温较高（超过30℃）的情况下，则应将鳝苗在收购地加上较为充足的水量进行临时存放，等傍晚（太阳落山后）重新换水进行装运。在早、晚气温比较凉爽情况下运输鳝苗，加水量不要求很大。一般使用内铺塑料膜的竹筐或铁皮箱、塑料箱等进行装运，黄鳝在筐（箱）内的厚度控制在25厘米以下为宜。筐（箱）内加水高度以能够高过黄鳝1~2厘米即可。装好黄鳝的竹筐或铁皮箱，在预留通风孔的情况下可以多层堆码，以确保筐（箱）在运输途中不至于发生坍塌为准。运输过程中一般不需要换水，对于运输时间较长或不得不在白天太阳下运输的，在运输途中可以酌情淋水降温。

对于运输时间较长的（超过2个小时），为了防止黄鳝出现发烧，可以在每口筐（箱）的水中滴加聚维酮1~3滴（鳝和水约重25千克的滴1滴、50千克的滴2滴、75千克的滴3滴，以此类推）。滴药可以使用一次性的注射器，并先将药滴到其他容器内再舀水加入，最好不要直接滴加，以免用药过量对黄鳝带来伤害。滴加药物后用手稍加搅拌。

以上收购方法主要在长江中下游地区鳝苗量较大，且多为笼捕鳝的地区采用。

③从当地或附近乡镇市场收购鳝苗。这种方式在全国多数地区比

较适用。养殖者一般在本地乡镇集市或附近鳝苗资源比较丰富的乡镇集市收购鳝苗。在四川等有"赶集"习惯的地区，一般是直接和乡镇收购黄鳝的商贩联系购买鳝苗。在湖北等没有"赶集"习惯的地方，则是到一些习惯的集中地进行设点收购鳝苗。主要收购办法如下。

a. 自带适宜的收购容器。一般是塑料箱、铁皮箱等容器，切忌使用很深的容器或编织袋大量装运鳝苗。自带的容器最好提前装入池塘水，装水深度约10厘米。为了防止黄鳝在运输中跳出到箱外，运输容器应配备方便透气的盖子。

b. 对收购的鳝苗进行一户一户把关。从乡镇市场的收购商手上收购鳝苗，也需要对前来交售的黄鳝进行一一把关。对每一个捕捉者出售的黄鳝，可以进行一一查看，主要看黄鳝体表是否有伤和试探黄鳝的活力。对于一次交售黄鳝较多的，要注意仔细查看。在集市收购黄鳝的，收购中要严防高密度存放时间过久的发烧鳝。在养鳝区收购鳝苗的，则要严防养殖户出售的"残条"。

c. 挑选和打残。在集市从收购商手上收购黄鳝，一定要自己亲手进行把关。因为一筐质量差的鳝苗倒入到收购商的容器中与其他好的鳝苗混在一起，是很难彻底将其剔除的。养殖者可以在收购结束时，将自己容器中的大条的黄鳝挑选给黄鳝收购商（先声明自己只要小的，可以获得较低的价格），然后再将容器表层的黄鳝捞出（俗称"打残条"），全部给收购商，然后才将自己容器的鳝苗捞起过秤并尽快倒入到容器中，这样自己收购的鳝苗质量就更加有保证了。

55. 鳝苗如何调温和防应激处理？

从理论上说，运回的黄鳝与投放塘中的水温差不要超过3℃，以免引起黄鳝的应激反应。在实践中养殖户也不必完全准确到要严格使用温度计去一一测量水温。一般可以用手摸运输箱和鳝池的水，感觉不到有差异即可。若有差异，可以将池塘内的水少量加入到运输容器中，过一会儿再将容器内的水舀出，再加入池塘水，如此2～3次，运输黄鳝容器内的水温就和池塘内的水温基本一致了。

为了增加鳝苗的适应能力，降低应激反应，此时还可以使用抗应激的药物对鳝苗进行浸泡。一般一口箱的黄鳝和水大约重 50 千克，则在水中加入"鳝宝转安康"5 克和"鳝宝金维他"10 克。浸泡时间一般为 30～60 分钟。浸泡时若箱子有盖子，则应将盖子盖上。没有盖子的尽量使用工具进行遮光。通过防应激浸泡，黄鳝体表黏液的分泌会明显增加，可以提高黄鳝的机体抵抗力，对提高投放成活率具有一定的辅助作用。当然，对于本身就很健康的黄鳝，直接投放也能获得很高的成活率，是否采取这一步骤就显得无关紧要。对于质量很差的鳝苗，通过这一浸泡，可以在一定程度上提高鳝苗的成活率。因此，建议大家在放苗时最好能采用这一步骤。如果放苗时未能浸泡，也可以在投放后进行泼洒，方法为：按网箱内的水量，每 1 米³ 水使用"鳝宝转安康"5 克和"鳝宝金维他"2 克进行兑水泼洒，连续三天。

浸泡完成后，揭开盖子检查黄鳝，发现有浮头的和翻肚的，应予以拣出，或者将表层的体弱黄鳝进行拣出，上市处理或单独放养观察。

56. 鳝苗如何分级？

分级是提高黄鳝开口率的重要手段。在同批黄鳝中，一般个大体壮的黄鳝容易形成霸主地位，独自抢占食物，使个小体弱的黄鳝无法开口吃食。因此，养殖者在鳝苗投放养殖前，有必要对鳝苗进行分级。

养殖者一般将 50 克以上的称为大条，35 克左右的称为中条，20 克左右的称为小条。

一般一次收苗在 150 千克以下的，可以手工分拣。就是用一个塑筐将箱内的黄鳝舀起，用手将大条、中条、小条进行分拣。一般两个人半个小时即可分拣完 100 千克鳝苗。分级时装鳝苗的箱子也要盛上水，并尽量减少鳝苗的离水时间。

对于收购鳝苗批量较大的，也可以使用分级筛对鳝苗进行分级。一般是使用分鱼苗用的分级筛，也可仿照自制，要求筛缝光滑，不损伤黄鳝。分级的方法是，先将分级筛放到盛有半盆水的水盆中，再将黄鳝倒入分级筛，摇动筛子并用手轻轻搅动黄鳝，使较小的黄鳝钻到筛外，从而将大小鳝分开。

常用的分级筛一般有两种规格，分别为9"朝"和7"朝"，先使用9"朝"的分级筛进行分级，筛子内的就是大条，筛子外的就是中条和小条。再使用7"朝"的分级筛对中、小条进行分级，筛子内的就是中条，筛子外的就是小条。

57. 鳝苗如何投放？

一般夏季投放鳝苗，每平方米的投苗量可以参照下面的标准：大条2千克、中条1.8千克、小条1.5千克。一般6米^{2}的网箱，每口网箱如果投放中条，就投10.5千克，投放小条就投9千克，投放大条就投放12千克。秋季投苗一般只是存放苗种，投放后和越冬都会有一部分死亡，养殖者一般都会在第二年的5月安排进行分箱，此时的投放量一般是不论大小，分级后都是每口6米^{2}的网箱投放15千克。对于使用4米^{2}或其他规格的网箱，可以依据这个密度自己换算掌握。

春季收放的鳝苗，由于其生长期较长，使用较少的鳝苗也可能获得较高的产量。但由于春季收购的鳝苗成活率一般都会比夏季收苗低，所以，春季收购投放鳝苗，一般的投放量也仅是比夏季稍低。一般3米^{2}的网箱，投苗3.5～5千克，6米^{2}的网箱投苗7.5～10千克。同样是苗小少投，苗大多投。

58. 何时开口投喂？

黄鳝投放后开始投喂的时间，应视具体情况而定。

（1）健康鳝苗可以投放当晚即投喂 这种情况适合头年越冬的鳝苗分箱或分池后，因鳝苗本身很健康，因而投放后当晚即可进行投喂。还有自己采用笼捕的鳝苗或者从附近的捕捉者手上直接收购投放的鳝苗，因其所受的伤害很小，一般在投放养殖过程中的死亡率非常低，这种情况在投放后即开展投喂也是可行的。

（2）从外面收购的鳝苗一般至少观察 3 天才投喂 对于从外面收购回来的鳝苗，由于对鳝苗的健康状况不是很了解，投放后应至少观察 3 天，通过观察黄鳝在草内的栖息状况，确认鳝苗总体比较健康后，再开始进行投喂。

（3）异常情况鳝苗投喂时间确定 对于投放后经常有黄鳝上草（白天也爬到草的上面来，将身体离开水，并对外界声响或震动反应迟钝或毫无反应），甚至出现死亡的情况，则应等黄鳝上草或死亡现象终止之后再观察几天，确认状况稳定后再开始投喂。

59. 用什么饵料对鳝苗进行驯食？

野生黄鳝在野外基本没有吃食规律，有吃一顿管几天的习性，因而生长较慢。我们要黄鳝长得快就要让它吃好，有规律地吃食。这就需要我们对其进行强化驯食，驯食的效果直接影响到黄鳝的总体增重。

给黄鳝驯食首先要选好驯食料。在给黄鳝进行驯食的实践中，养殖者选用的驯食料主要有以下几种。

（1）蝇蛆 据试验，最好的驯食料是红头苍蝇的蛆。红头苍蝇的蛆撒入鳝池会浮在水面，其活动会引起水面振动引诱黄鳝吃食，由于是在水面取食，吃食时会发出"叭叭"声，对吸引其他黄鳝出来觅食很有帮助。

在黄鳝的大规模养殖实践中，有条件使用红头苍蝇蝇蛆来驯化黄鳝吃食的养殖户并不是很多。部分养殖户也是在驯化黄鳝遇到困难时才想起使用蝇蛆，甚至不惜花费高价购买蝇蛆来驯化黄鳝采食（在湖北仙桃，2008 年黄鳝驯食期的蝇蛆曾经卖到 20 元左右 1 千克）。对于自己有条件开展蝇蛆养殖的养殖户，也可以临时开展蝇蛆的简易养殖，以满足给黄鳝驯食的需要。

使用蝇蛆投喂黄鳝，需要先对蝇蛆进行消毒处理。方法为：将分离干净的蝇蛆用纱布或尼龙网布做的袋子装起来，扎紧袋口，先用水对蝇蛆进行冲洗，以洗掉附着的一些粉末和杂质，然后将其放到加有高锰酸钾的水中浸泡消毒 5 分钟左右（高锰酸钾的用量为 100 千克水用 0.7 克,一般使水呈粉红色即可）。然后再用清水冲洗干净即可使用。如果后期需要使用蛆浆,则将消毒并清洗干净的蝇蛆用绞肉机绞碎即可。

需要注意的是,由于高锰酸钾对黄鳝具有一定的毒性,因此,消毒后的蝇蛆一定要冲洗干净,以免引起黄鳝中毒。

（2）蚯蚓 蚯蚓具有特殊的气味,对引诱黄鳝开口取食也很有效果。在给黄鳝驯食的实践中,蚯蚓的用量是非常庞大的。黄鳝养殖者使用的蚯蚓主要是野生蚯蚓,活的野生蚯蚓一般是从当地捕捉（湖北、湖南、广西等地的野生蚯蚓资源都很丰富）。野生蚯蚓的腥味较大,用于驯食的效果较好。在野生蚯蚓主产区,4—5 月份是最好捕捉的季节,市场销售量比较大,价格也很便宜（一般 1 千克在 5 元左右,各地价格有较大的差异）。活的野生蚯蚓容易逃跑,高密度暂养比较困难,很多经营者通常是在野生蚯蚓大量上市时收购来进行冷冻储藏,然后在夏、秋季节拿出来销售给黄鳝养殖户,这种冻蚯蚓几乎常年都有供应,一般售价在每千克 7~10 元。虽然冰冻蚯蚓的驯食效果无法和活的蚯蚓相比,但因为价格比较便宜,使用的养殖者也比较多。人工养殖的红蚯蚓也可以用于黄鳝驯食,但由于其腥味不如野生蚯蚓浓烈,加上其价格一般都较高（每千克 20 元左右）,近年来在黄鳝养殖集中区,已经很少有人购买人工养殖的红蚯蚓来做驯食黄鳝的饵料了。

蚯蚓在做驯食料使用时,若量少,可以直接用刀切成 2 厘米左右的长段即可,量大也可以使用绞肉机绞碎使用。

（3）水蚯蚓 水蚯蚓也称红丝虫、丝蚯蚓、红虫等。使用水蚯蚓来驯化黄鳝吃食是近几年才有的。在全国不少地区,都有一些农户依靠捕捞野外水域的水蚯蚓（红虫）来挣钱。福建、湖南、湖北等地也有人利用稻田大面积开展水蚯蚓的养殖。养殖或捕捞的水蚯蚓主要是销售给鱼苗场用于饲喂鱼苗。人工捕捞的野生水蚯蚓售价比较便宜,销售价格为 2~6 元/千克,湖北等地人工养殖的水蚯蚓售价相对比较高,一般在每千克 8 元左右。活的水蚯蚓都是带水销售,一般 1 袋装 50 千克,里面至少会有 15 千克水,如果扣除水的重量,水蚯蚓的实际售价还比上面的价格要高一些。对于当地能够购买到水蚯蚓的养殖户，也可以购买水蚯蚓来驯化黄鳝吃食。在高温天气情况下，运输的水蚯蚓很容易出现死亡并化成水（水解），很多地方实际是销售的冰冻水蚯蚓。冰冻的水蚯蚓也是带水冰冻的，价格一般在每千克4元左右，驯食效果比活的水蚯蚓要差一些，在湖南和湖北也有部分养殖户使用。

使用水蚯蚓来做黄鳝的驯食料时，一般都是使用活体直接投喂。对于使用冰冻水蚯蚓的，解冻后也可以用刀切成2厘米左右的长段来进行投喂。

（4）河蚌和田螺　河蚌和田螺也是比较理想的驯食饵料。一些养殖户将河蚌直接剖开，反扣在水草上，让黄鳝自由取食。扣上的河蚌一般会被黄鳝吃得只剩下两片壳。这种直接反扣的河蚌也可以引诱黄鳝吃食，但据养殖户观察，黄鳝容易将蚌肉拉扯到网箱的各个角落，未被吞食的蚌肉容易污染池水。同时，这种直接使用河蚌的方法，容易给鳝池带入寄生虫。因而使用河蚌和田螺来对黄鳝进行驯食时，需要进行杀灭寄生虫和绞碎的处理。具体做法为：将河蚌剖开，取出蚌肉。将田螺用编织袋装好并扎紧袋口，用砖头等硬物将袋内的田螺砸碎，然后将砸碎的田螺倒进盛水的盆中，搅拌，即可捞取田螺肉。将田螺肉或河蚌肉放入3%～5%的食盐水中，浸泡1个小时以上，以杀灭肉中的寄生虫及虫卵。将经过浸泡杀虫的蚌肉或螺肉用清水冲洗干净，然后用绞肉机绞碎，即可使用。

（5）鱼肉　使用鱼肉也可以驯化黄鳝吃食。相比之下，野生的小杂鱼腥味更浓，驯化黄鳝吃食的效果更佳。使用较大的鲢等鱼绞碎来驯食黄鳝也完全可行。用于驯食黄鳝采食的鱼肉最好是新鲜的，若使用冰冻的效果会打折扣。小杂鱼可以使用刀切碎或使用绞肉机绞碎。为了提高驯食效果，使用鱼肉来驯化黄鳝吃食，一般都是同时添加"诱食剂"，或者与其他的驯食饵料进行混合使用。

60. 驯食一般采用什么方式？

在实际的应用中，由于鱼糜（鲜鱼绞碎后的肉浆）来源比较丰富，所以初期对黄鳝的驯食，不管开始使用的是什么驯食饵料，最后都是将黄鳝驯化到能大量地采食鱼糜。这些驯化和过渡的方式主要有以下四种。

(1) 水蚯蚓模式 这种模式在湖北、湖南等养鳝集中区比较普遍。养殖者主要以活的水蚯蚓作为驯食饵料。先用水蚯蚓投喂几天，再慢慢拌入鲜鱼肉浆。还会再拌入少量的蝇蛆、蚯蚓，但其驯食的主体是水蚯蚓，最后逐步过渡到使用鲜鱼肉浆为主。

(2) 蚯蚓模式 这种模式在养鳝集中区也比较常见。养殖者将鲜活的蚯蚓或冰冻蚯蚓解冻后，切段进行投喂几天，然后再逐步拌加鲜鱼肉浆，直至鲜鱼浆成为投喂的主体。

(3) 鲜鱼模式 这种模式主要在一些养殖黄鳝比较分散的地区，驯食饵料比较缺乏的情况下，采用比较普遍。养殖者主要将新鲜的小杂鱼或白鲢鱼绞碎，作为驯食黄鳝的主料。有的也在鱼肉中拌入部分蚌肉或螺肉、蝇蛆、蚯蚓等其他的驯食饵料，但主体仍然是鱼浆。

(4) 蝇蛆模式 使用这种模式的一般是蝇蛆的养殖规模比较大，配套的苍蝇蝇蛆养殖量能够满足黄鳝驯食需要的养殖场。这种模式一般是先使用活的蝇蛆投喂几天（先全箱遍撒3天左右，接着用活的蝇蛆定点投喂3天），然后使用蛆浆与鲜鱼浆、活的蝇蛆进行混合投喂，逐步过渡到主要使用鱼浆投喂。

61. 驯化黄鳝吃食有什么具体的要求？

在对水产动物进行驯食时，一般都要求做到"四定"，具体到黄鳝养殖方面，"四定"的具体要求如下。

(1) 定时 黄鳝具有夜间取食的习性，但为了方便我们观察和操作，可以通过驯化来实现在白天给黄鳝投食。初次投喂黄鳝时，我们在天快黑时进行投料，以后逐步提前投喂时间，直到让黄鳝习惯在天黑前1小时前出来采食。一旦固定投喂时间，养殖者就要坚持按时投喂，千万不能时早时晚，影响投喂效果。

(2) 定点 一个6米^{2}的网箱，在驯食完成后，通常设置固定投食点两个。3米^{2}和4米^{2}网箱则设置一个固定投食点。才开始投喂的几天，活的蝇蛆可以进行全箱遍撒，其余的饵料可以增加1倍的投料点，3天后视情况再逐步减少投料点至标准的数量。设置黄鳝的投食点主要是把水草拨开并稍往下压，使投放的饵料能够部分入水，但又能借助水草不至于落入箱底，方便黄鳝摄取食物即可。对于早春使用水葫芦的，由于水草生长尚不紧密，可以使用水花生做一个"窝"，放到下压的水葫芦中，便是黄鳝的食台了。在一个网箱内若只设置一个投料点，则该投料点通常设置在网箱的中部。对于设置多个投料点的，设置的投料点应力求分布均匀，以方便黄鳝均匀分布和就近取食。

（3）定量 初次给黄鳝投喂鲜料，一般50千克黄鳝投喂1～1.5千克即可（夏、秋季均可使用这个比例来开食）。由于活的水蚯蚓是成团的，黄鳝采食一口就会吃掉比较多的数量，为了保证让更多的黄鳝都能够吃到，所以使用活的水蚯蚓来驯食，其投喂量比使用其他饵料更多一点。一般活的水蚯蚓的初期投喂量可以达到鳝苗体重的3%～4%。以一口6米^{2}投苗10千克的网箱为例，首次开口投喂就可以投0.3～0.4千克活的水蚯蚓。投料后的第二天早上，应对黄鳝的吃食情况进行检查。发现有剩料的，应将剩料捞出，并将有剩料的网箱进行标记，下次投料可以适当减少投喂量。对吃料干净彻底的，可以适当增加投料量。

在驯食的第一个阶段，驯化的目标是让黄鳝采食鲜料的量能达到4%～5%即为合格，部分网箱如果没有达到，就要想法进行单独驯喂，要力争使其采食鲜料的量达到要求的数量。

（4）定料 黄鳝习惯采食某种饲料后，突然换料通常会导致黄鳝减食甚至停食。频繁更换饲料会严重影响养殖效果。在驯食期间，需要从一种饵料过渡到另一种饵料，如果过渡过急，往往会导致黄鳝采食量减少甚至停食。遇到这样的情况，就需要重新使用前面的饵料进行投喂，采食正常后再慢慢进行改变。

驯化黄鳝吃食，是一个细致的工作。养殖者应根据黄鳝的吃食情况，进行循序渐进的驯化。尤其是针对一些吃食情况不好的网箱，需要做好标记，并对其使用较好的驯食料进行单独的驯化。

驯化黄鳝采食鲜料达到4%～5%，一般在夏秋季只需要6～8

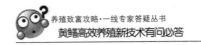

天。由于采用的驯食饵料和黄鳝苗的质量差异比较大，实际情况可能会存在一些差异。

在黄鳝的鲜料驯喂期间，为了尽量减少对黄鳝吃食的影响，养殖者在投喂后一般不去查看黄鳝的吃食情况，仅于第二天早上查看剩料情况和进行剩料捞取的操作。此期间的投喂管理动作宜轻，注意减少对黄鳝带来影响。

62. 怎样给黄鳝投喂配合饲料？

给黄鳝投喂专用配合饲料，由于营养比较全面，可以明显提高黄鳝的生长速度，从而获得较高的养殖产量。

目前国内的黄鳝专用配合饲料有近百个品牌，养殖者可以根据自己的情况酌情选用。有经验的养殖者一般会选用企业较大且生产该专用饲料时间较长，用户普遍反映比较好的饲料。当然，这样的饲料一般价格也会偏高，如果选用小厂的或新出来的专用饲料品牌，价格会相对便宜，但会面临质量风险。

目前国内养殖户反映比较好的黄鳝专用饲料品牌有：嘉盛、汇佳、鑫富翔、一江春、广联、海大、银祥、金雀、天邦、天合、福满堂等。

对于当地无法购买到黄鳝专用饲料的养殖户，也可以购买大口鲶料、甲鱼料、黄颡鱼料等特种鱼料来投喂黄鳝。要求选用饲料的蛋白质含量在 40%～43%。

蛋白质含量高的特种鱼饲料，其保质期一般都不长（大多为 2～3 个月），养殖户最好随用随买，避免出现过期现象。对于已经过了保质期的饲料，不宜用于投喂黄鳝。

需要注意的是，黄鳝是偏肉食性的杂食性鱼类，用于养殖黄鳝的饲料不仅要求蛋白质含量较高，还要求主要是动物蛋白，即鱼粉的含量较高，对于一些虽然蛋白质含量较高，但主要为植物蛋白（使用大量豆粕）的饲料，用于养殖黄鳝的增重效果是不理想的。养殖者在选购饲料时要注意了解和识别。

配合饲料的加入量也是一个逐步过渡的过程，最初可以在鲜料中少量拌入配合饲料（比如 50 千克鲜料中加入 5～6 千克），然后再逐步减少鲜料的量，增加配合饲料的比例。在养殖吃食的高峰期，甚至达到鲜料和配合饲料 1∶1 的最高比例。

当黄鳝采食的饲料中，鲜料与配合饲料的比例达到 2∶1 以上，采食的总量达到黄鳝体重的 4% 以上时，黄鳝的食性驯化就算顺利完成，黄鳝养殖至此进入常规的投喂阶段。

63. 养殖过程中如何搞好投喂管理？

黄鳝在达到理想的食性驯化效果之后，还应对其投料进行一些把握，并不是黄鳝吃多少就投多少或者是吃得越多越好。养殖者通常会根据自己的养殖目标调整饵料的配比以及投料方案。

（1）投喂点数　在全国各大养鳝区，都习惯性地把"点数"的多少作为投料多少的一个标准。所谓"点数"，严格地来讲，就是 100 千克鳝苗一天或平均每天所投喂的鲜料的质量。遇上鲜料中添加有配合饲料，就把 1 千克配合饲料折算成 3 千克鲜料来计算。

①例 1。一养殖户的网箱内放养了 500 千克鳝苗，当天投喂的是 10 千克蚯蚓、10 千克鲜鱼和 10 千克配合饲料，则该养殖户的黄鳝在当天的投喂点数是：

$$（10+10+10×3）÷500×100=10（点）$$

②例 2。某养殖户驯化 1200 千克鳝苗，前 7 天使用了蚯蚓 180 千克、鲜鱼 260 千克，则该养殖户在前 7 天的投喂点数是：

$$（180+260）÷7÷1200×100=5.2≈5（点）$$

③例 3。某养殖户投放鳝苗 120 千克，在三个月的投喂期内（除去阴雨天，实际投喂 81 天），共投喂鲜鱼 180 千克和蝇蛆 260 千克，投喂配合饲料 230 千克，则该养殖户的投喂点数是：

$$（180+260+250×3）÷81÷120×100=12.2≈12（点）$$

点数的计算是以鲜料为标准进行计算的（把配合饲料折算成鲜料），而一般多数书籍资料中所讲的百分数则是以干料进行计算的（把鲜料 3 折 1，折算成干料）。比如在上面的例 1 中，该养殖户投喂的饲料占鳝苗体重的 3.3%，计算方法为：

$$(10＋10)÷3＋10＝16.7÷500×100％＝3.3％$$

采用点数或百分比，这只是依据饲料干、鲜的不同而已，意义是一样的。各大养鳝区使用"点数"比较普遍。

（2）投喂点数在投料管理上的应用 在养殖实践中，养殖户都习惯性地用投料点数来检查自己黄鳝的投喂是否科学以及预测黄鳝的正常增重情况。

①用点数来检查驯食效果。在黄鳝养殖中，要求经驯化完成的黄鳝，在正常投喂时，其投料点数应控制在10～13点。例如100千克黄鳝，养殖户在其采食鲜料达到4千克以上时加入配合饲料，经过5天，鲜料和配合饲料的比例达到2∶1，黄鳝能够完全采食，此时这100千克黄鳝所采食的饵料就是4千克鲜料和2千克干料。按照我们前面的方法进行计算，此时黄鳝的采食点数就是10点。假如经过驯化，黄鳝的采食点数未能达到10点以上，则证明驯化没有达到标准。

也有个别养殖户采食点达15～17点，最高达22点，这种喂法黄鳝增重很大，一般3～5个月养殖，投苗10千克有可能收获成鳝达50千克左右，但这种黄鳝最好在10月份就上市卖掉，因为增长过快的黄鳝在白露前后非常容易发病，由于体质差，得病后很难挽救。

②用投喂点数来检查配料的合理性。在正常投喂情况下，黄鳝的投料量要控制在10～13点。这是通过多年实践得出的经验，养殖者在养殖实践中，把握这个标准，不仅有利于养殖前期的快速催长，同时也非常有利于养殖后期的控料。例如一养殖户完全使用鲜活水蚯蚓投喂，虽然100千克黄鳝1天的采食量在8千克左右，但用投料的点数检查，其投料点数仅为8点，可以断定其增重效果远不如添加饲料。再例如一养殖户的100千克黄鳝经过驯化后，完全投喂配合饲料，每天可以投喂2～3千克干料。依据点数检查，该养殖户的投喂点数为6～9点，这也是不符合正常的投喂标准的。此外，单一的使用鲜料或干料来投喂黄鳝也是不科学的，单一使用鲜料投喂黄鳝，会因营养不够全面而导致饲料的转化率降低；单一使用配合饲料（干料）来投喂黄鳝，容易因饲料中的植物蛋白及蛋白质总量过高而诱发黄鳝的肝脏疾病。为了达到科学投料的目的，笔者特将湖北仙桃养殖

户在一个常规养殖季节内，鲜料与配合饲料（干料）的常用配比予以列表介绍，供养殖者在选料和配合投喂时参考。

仙桃黄鳝养殖户在 7—10 月的鱼（鲜料）、饲料（干料）配比及投喂点数一览表（表 4-1）：

表 4-1　黄鳝投喂干料配比及投喂点数（100 千克黄鳝）

月份	7 月	8 月	9 月	10 月
鲜干料配比	鲜 3 干 1.5	鲜 3 干 2.5	鲜 4 干 2.5	鲜 4 干 1.5
投喂点数	7.5	10.5	11.5	8.5

在全国各大养鳝区，鲜料主要是鲜鱼，其他地区养殖户也有使用水蚯蚓或蚌肉作为鲜料主料的，但一定要有相应的鲜料来进行配合投喂。

鲜料和干料（配合饲料）的正常比例为 2∶1（即 2 千克鲜料加 1 千克干料）。

鲜料和干料（配合饲料）的最大比例为 1∶1（即 1 千克鲜料加 1 千克干料）。

③用投喂点数来预测黄鳝的增重效果。很多有经验的养殖户，通常使用投喂点数来预测自己黄鳝的增重。例如一养殖户的 100 千克黄鳝，在 6 月底前完成驯化，在 7—8 月两个月的投喂点数为 11 点，则依据往年的经验，可以预测黄鳝的每月增重大约为 90 千克，养殖到 9 月底，该黄鳝的正常增重应该在 270 千克以上。此外，养殖户还有这样的观察经验，也就是喂食后观察，如果天气等因素变化不大，5 分钟内就有大量黄鳝上来抢食，在 30 分钟内应该就可以全部吃完；如果 30 分钟内吃了不到一半，第二天检查也吃干净了，这样的网箱，其增重效果一般比前面的要少 5～7.5 千克/箱。

（3）投料后的"清残"（打残食）管理　由于水温、水质变化等原因，常常会导致黄鳝的采食量出现变化，正常投入的饵料不一定都能吃完。剩余的饵料不仅容易污染水质，变质的饵料一旦被黄鳝摄入，还容易引发疾病。因此，养殖者应在投食后的第二天早上清理剩余饵料。清理剩余饵料的方法一般是使用长柄水瓢或粪瓢从投食点的一侧按下，将剩余饵料及食台区的污水一起舀出。这一操作在养鳝区

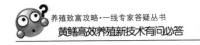
被称为"打残食"。

在对网箱进行"清残"时，若在投料点没有发现明显的剩余饵料，可以用水瓢将投食点的饵料残渣以及污水一起舀出倒至网箱外的水中。若发现有明显的剩料，应先将料舀到船上的小桶中，然后再清理投食点的残渣和污水。清理出的饵料可以用于饲养其他鱼类或动物，不仅达到了废物利用的目的，也避免大量饲料流落池塘而污染池水。

"打残食"一般是在早上的 06：00—09：00 进行的。秋季由于投喂时间提早到下午，也有在傍晚进行"打残食"的。

没有剩料的食台（窝子），一般用瓢舀两次就可以完成。但对于有剩料的食台，其水质会浑浊（养殖户称"浑水窝子"），应多舀几次，直至水质变清澈为止。

64. 水草如何管护？

在开展池塘网箱养殖黄鳝时，使用最为普遍的水草是水花生。虽然江西进贤等地的养殖户使用水葫芦来作为网箱养鳝的水草，据说是因为当地的水花生害虫比较多，不得已才使用水葫芦的。众多养殖者一致认为，使用过很多种的水草来作为养鳝水草，但目前还是水花生最好。因此，在这里所说的水草管理，其实就是水花生的管理。

（1）水花生的虫害防治　水花生的茎叶鲜嫩且无异味，一些地区的养殖者甚至割取水花生来做牲畜的饲料。鲜嫩的水花生也容易招来害虫，养殖者在开展黄鳝养殖的过程中应注意防治。危害水花生的害虫有两类，一种是昆虫类的小虫，另一种是近似于螨类的害虫，但具体是否就是螨类尚无相关的资料介绍。

昆虫类的害虫为害水花生非常迅速，从发现到把大部分的叶片吃光，一般在 3～5 天之内。养殖户一旦发现个别网箱内的水花生叶片出现大量孔洞时，稍微喷药不及时，就容易导致水花生叶片被吃光。

在湖北等地，水花生的害虫为害不是很厉害，当地养殖户在 7—8 月的虫害高发期喷药 1～2 次就可以免受虫害。

四川、重庆、江西三个省（直辖市），是养殖户反映的水花生虫害特别厉害的地区，江西很多养殖户因此不得不放弃使用水花生，而全部采用水葫芦作为养鳝水草。对于虫害较重的地区，建议大家在 7—8 月，无论是否发现有虫为害，一律每隔 10～15 天便喷药防治一次。

　　预防水花生害虫，目前被广泛使用的是从美国进口的高效微毒农药——杜邦康宽。该药一般在县城的农药门市有卖，如果当地没货也可到网上购买。杜邦康宽是油乳剂，高效低毒。规格为每袋 10 毫升，2013 年售价 8 元左右，可以兑一桶水（约 15 千克）用喷雾器喷洒 30个左右网箱。

　　另外一种虫害，一般是在水花生的叶片上形成白点，最后导致水草枯死。如果发现这种情况，可以到农药门市购买一种叫做"吡虫啉"的杀螨虫的农药，用量按说明，一般喷洒一次即可杀灭。

　　（2）防水草开花　水花生生长到一个阶段，容易开花。开花后的水花生会停止生长并迅速老化，不利于黄鳝养殖的开展。在铺设水草时，捞取水花生老茎的容易开花，割取水面以上嫩苗来铺设的，在一个养殖季节，很难出现开花的现象。养殖者在发现网箱中的水花生即将开花时，可以将网箱内的水草先割去三分之一的面积，使用新割回的嫩苗进行代替铺设。若过一段时间原来的水花生开花老化，新投入的水草一般已经可以覆盖半个网箱，此时将老化的水草捞出，让新投的水草继续生长即可。也可将网箱一头拉去 20% 水草，将另外一头的水草按倒在水面下让其发芽。过 10 天左右再拉去 20% 的旧水草，如此在 9 月中下旬网箱里就全部是新水草了，并且厚度适中。9 月下旬后不再动水草，否则会导致黄鳝摄食量迅速下降，影响越冬效果。

　　（3）后期水草的管理　在网箱养殖的初期，要求水草要尽量铺设紧密。但当黄鳝养殖进入正常投喂阶段后，网箱内的水草会快速生长，以至于影响网箱水面的光照。此时可以每隔一段时间将网箱内的水草割断拉出一部分，使网箱内的水草覆盖 80% 左右的水面即可，水草在网箱内的厚度以 20～30 厘米为宜。这就是养殖户常说的水草管理"前密后疏"的管理法则。对于食台，则可以结合打残食和人为的往外拉草，让食台处变成一个方便舀水的大洞，平时投料则投放在"洞"边的水草上。这个"洞"可以让阳光直接照射食台附近的水面，有利于浮游藻类的生长，快速净化食台环境。投放"鳝宝改水泡腾片"也就是从这个"洞"将药片投放到网箱底部的。对于生长出网箱的水草，也应及时割除，以免下雨时黄鳝顺草溜出网箱。

（4）水草的置换　实践证明，使用水葫芦作为养鳝水草，在春季等低温季节，其根须丰富，水草高度适宜，有利于养鳝。但进入高温季节以后，水葫芦开始"疯长"，水草会过于"紧密"，植株拼命往上长，水草根须开始死亡。过密的水草不利于养鳝区域水面的采光，没有了根须也就不是很适合黄鳝栖息，过高的水草也不利于观察黄鳝的活动，甚至连黄鳝生病出现"上草"也难以发现。因此，有经验的养殖者通常会在水葫芦出现"疯长"前，就慢慢用水花生将水葫芦更换掉。方法是先去掉一部分水葫芦，在空白处放置水花生。等水花生生长茂盛后，再去掉一部分水葫芦，过几天再去掉一些，直到全部去除水葫芦。

65. 养鳝池的水质对黄鳝有何影响？

"养鱼先养水，好水养好鱼"。水质的好坏直接影响到水产养殖动物的生长和发育，从而影响到产量和经济效益。由于黄鳝可以伸头出水面呼吸空气，部分养殖者就错误地以为养殖黄鳝不需要较好的水质。黄鳝除伸头出水面呼吸空气外，其皮肤和鳃也还具有辅助呼吸的功能，水体中的有害物质（如氨氮、亚硝酸盐、硫化氢）超标，也会给黄鳝带来毒害甚至危及生命。因此，养殖黄鳝，也需要像养殖其他鱼类一样，搞好水质管理。

每一种水产动物都需要有适合其生存的水质条件，水质若能满足要求，养殖动物就能顺利生长发育。如果水质的一些基本指标超出生物的适应和忍耐范围，轻者养殖动物生长速度缓慢，成活率降低，饲料系数提高，经济效益下降，重者可能造成养殖动物的大批死亡，造成严重的经济损失。

恶化的水质不仅有害于动物机体的健康，甚至还危及它们的生命。众所周知，水是一种优良的溶剂和悬浮剂，它可溶解各种气体，如氧气、二氧化碳、氨和硫化氢等，也可溶解各种盐类，如亚硝酸盐、磷酸盐、碳酸盐、硫酸盐等，还可悬浮尘埃、有机碎屑、细菌、藻类、小型的原生动物以及各种虫卵等。水体中溶解和悬浮的种种有形或无形的物质和成分，其中一部分对水产动物的生长、发育是必需的，有一些是无益的，而另一部分则是有害的，或者在含量较多时有害。同样，它们对水体中的其他生物，也有有利和不利的方面，特别是某些成分对养殖动物生长和健康有利，而对一些病原体（如病原菌、寄生性原生动物）的繁殖、滋生以及产生毒力等是必需的，就容易导致疾病的发生。

66. 哪些指标会影响鳝池的水质？

水质对养殖的水生动物起着至关重要的作用。正常的养殖水体（未被工业污染），影响水质的主要指标是 pH（酸碱度）、溶解氧、氨氮、亚硝酸盐、硫化氢等 5 项指标。重金属、农药、化工污水等污染的水源，如果不符合《渔业水质标准》，则不能用于水产养殖生产。对养殖用水，必须定期进行全面科学检测。如果片面检测或仅凭经验主观判断，可能招致灾难性的后果。

科学的检测可得出正确的数据。这些数据可以告诉养殖者水质的状况，从而判断水质是否满足水产动物生长的要求，以及是否会引起动物发病。水质检测的另一个作用是为改善水质、鱼病用药提供依据，减少因施肥、投饵、用药等日常管理造成鱼类死亡的损失。因此，水质检测是保证水质健康的必要，也是水产健康养殖的基础。

（1）溶解氧　同人一样，水产动物也必须在有氧的条件下生存，不同的是人呼吸空气中的氧气，而水产动物呼吸的是水体中的溶解氧。水体缺氧可使部分鱼浮头，严重时泛塘致死。一般来说，养殖（育苗）水体的溶解氧应保持在 5～8 毫克/升，至少应保持 3 毫克/升以上。轻度缺氧虽不致死，但鱼虾生长会变慢，饲料系数提高，生产成本上升；水中溶解氧过高会引起一些鱼类患气泡病。

造成溶解氧不足的原因主要有高温、养殖密度过大、有机物的分解作用、无机物的氧化作用。

　　氧气在水中的溶解度随水温升高而降低，如在一个大气压下，水温由10℃上升到35℃时，空气中的氧在纯水中的溶解度可以由11.27毫克/升降至6.93毫克/升，高温会引起水体中溶氧降低。此外水产动物和其他生物在高温时耗氧增多也是一个重要原因。水体中众多生物的呼吸作用增加，生物耗氧量也增大。有机物越多，细菌就越活跃，这种过程通常要消耗大量的氧才能进行，因此容易造成缺氧。水中存在如硫化氢、亚硝酸盐等无机物时，也会发生氧化作用消耗大量的溶解氧。

　　黄鳝的鳃、口咽腔和皮肤都具有呼吸功能，可直接呼吸自然界的空气，可离水较长时间而不会死亡，因此黄鳝对水体溶解氧的依赖没有其他鱼类强，但为保证水体中的残饵、粪便等有机物质能正常分解，减少有害物质的产生，养鳝水体也应保持较高的含氧量。

　　（2）pH　pH是水质的重要指标，这是因为pH决定着水体中的很多化学和生物过程，如NH_3和H_2S等有毒物质，由于pH的不同，其毒性也不同。

　　①pH对水产养殖动物的影响　pH过高或过低对水产养殖动物都有直接危害，甚至致死。酸性水（pH低于6.5）可使鱼虾血液的pH下降，削弱其载氧能力。造成生理缺氧症，尽管水中不缺氧但仍可使鱼虾浮头。由于耗氧降低，代谢急剧下降，尽管食物丰富，但鱼虾仍处于饥饿状态。pH过高的水则腐蚀鳃组织，引起鱼虾大批死亡。如鳗在pH低于5时，鳃变红褐色，黏液分泌增多，呼吸衰竭而死亡。pH在低于4或高于10.5时，鱼虾不能存活。

　　a. 碱中毒症状

　　鱼类：受刺激且狂游乱窜，体表有大量的黏液甚至可以拉丝，鳃盖腐蚀损伤，鳃部有大量的分泌物凝结，pH＞9时，水体中便会有许多死藻和濒死的藻细胞。

　　对虾：鳃组织遭受破坏，发生黑鳃病，继而演变为烂鳃病、黄鳃病和红鳃病，致使呼吸机能发生障碍，窒息死亡。

　　b. 酸中毒症状

　　鱼类：体色明显发白，水生植物呈褐色或是白色，水体透明度明显增加，水体中存在有许多死藻和濒死的藻细胞。

另外，鱼类从一个水体中快速转移到另一个 pH 差异很大的水体中，即使第二个水体中的 pH 处于该品种的耐受范围之内，也可能导致鱼类的休克和死亡。

②pH 对水质的影响　过高或过低的 pH 均会使水中微生物活动受到抑制，有机物不易分解。pH 高于 8，大量的铵会转化成有毒的氨气。pH 低于 6 时，水中的 90% 的硫化物以硫化氢的形式存在，增大硫化物的毒性。总之，过高或过低的 pH 均会增大水中有毒物质的毒性。

（3）硫化氢（H_2S）　硫化氢（H_2S）是一种可溶性的毒性气体，带有臭鸡蛋气味。有两个主要因素会导致产生硫化氢：一是养殖池底中的硫酸盐还原菌在厌氧条件下分解硫酸盐；二是异养菌分解残饵或粪便中的有机硫化物。硫化氢与泥土中的金属盐结合形成金属硫化物，致使池底变黑，这是硫化氢存在的重要标志。

①水体中的硫化氢的控制标准　水产养殖（特别是育苗）生产中，水体中硫化氢的浓度应该严格控制在 0.1 毫克/升以下。

②硫化氢的毒性　硫化氢对于水产动物是种剧毒物质。大约 0.5 毫克/升的硫化氢可使健康鱼急性中毒死亡。当水中的硫化氢浓度升高时，鱼虾的生长速度、体力和抗病能力都会减弱，严重时会损坏鱼虾的中枢神经。硫化氢与鱼虾血液中的铁离子结合使血红蛋白减少，降低血液载氧能力，导致鱼虾呼吸困难，造成鱼虾中毒死亡。

③维持池水硫化氢不超标的方法

a. 充分增氧。高溶解氧可氧化消耗 H_2S，并可抑制硫酸盐还原菌的生长与繁衍。通过泼洒高效增氧剂或加开增氧机可达到增氧的目的。

b. 控制 pH。pH 越低，发生 H_2S 中毒的机会越大。一般应控制 pH 在 7.8～8.5，如果过低，可用生石灰提高 pH，但应注意水中氨氮的浓度，以防引起氨氮中毒。

c. 经常换水。使池水有机污染物浓度降低，同时向新水中添加 Fe、Mn 等金属离子沉淀水中的 H_2S。

d. 干塘后彻底清除池底污泥。如不能清除，应将底泥翻耕曝晒，以促使硫化氢及其他硫化物氧化。

e. 合理投饵。尽量减少池内残饵量，定期施用光合细菌及"黄鳝可乐"等微生物产品对水质进行改良。

(4) 氨（NH_3） 氨由水产动物排泄物（粪便）和底层有机物经氨化作用而产生。氨对水产动物是种剧毒物质，养殖池中由于有动物排泄物，必定存在氨，养殖密度越大，氨的浓度越高。

氨对各种水产养殖动物由于个体和品种差异而安全浓度有所不同，为保证鱼虾的安全，水产养殖（育苗）生产中，应将氨的浓度控制在 0.02 毫克/升以下。

①氨的毒性 氨对水产动物的毒害依其浓度不同而不同。

a. 在 0.01～0.02 毫克/升的低浓度下，水产动物可能慢性中毒：一是干扰渗透压调节系统；二是易破坏鳃组织的黏膜层；三是会降低血红素携带氧的能力。鱼虾长期处于此浓度的水中，会抑制生长。

b. 在 0.02～0.05 毫克/升的次低浓度下，氨会和其他造成水生动物疾病的原因共同起叠加作用，加重病情并加速其死亡。

c. 在 0.05～0.2 毫克/升的次致死浓度下，会破坏鱼虾皮、胃肠道的黏膜，造成体表和内部器官出血。

d. 在 0.2～0.5 毫克/升的致死浓度之下，鱼虾类会急性中毒死亡。发生氨急性中毒时，鱼虾表现为急躁不安，由于碱性水质具较强刺激性，使鱼虾体表黏液增多，体表充血，鳃部及鳍条基部出血明显，鱼在水体表面游动，死亡前眼球突出，张大嘴挣扎。

②防止水中氨过高的措施。

在养殖（育苗）生产中，要定期检测控制水中的氨氮指标，池塘氨氮含量一般要控制在标准值以下。具体应采取以下措施：

a. 及时排污，尤其是小水泥池养殖或虾蟹育苗时，应将池底污泥彻底排掉。

b. 选用高质量的饲料，尽量减少残饵。

c. 养鱼中使用铵态氮肥（硫铵、碳铵、硝铵）时，应避免 pH 过高。铵态氮肥与生石灰不可同时使用，一般应相隔 10 天以上。

d. 4～8 月期间，使用微生物水质改良剂，对降低氨氮效果显著。

③水中氨氮偏高的处理。

水中氨的浓度超过 0.02 毫克/升就属偏高，应设法改善，可采取以下措施：

a. 降低水体的 pH，减少氨的浓度，降低氨氮的毒性。

b. 定期冲注新水，稀释水中氨氮的浓度。

c. 使用微生物水质改良剂。

（5）亚硝酸盐（NO_2^-） 亚硝酸盐是氨转化成硝酸盐的过程中的中间产物，在这一过程中，一旦硝化过程受阻，亚硝酸盐就会在水体内积累。根据现有文献，亚硝酸盐的毒性依鱼、虾、蟹种类和个体不同而不同，因此，对各种鱼虾的安全浓度差异很大。为确保鱼虾蟹（尤其育苗期）的安全，建议将亚硝酸盐含量必须控制在 0.2 毫克/升以下。

①亚硝酸盐的毒性 当养殖水体中存在亚硝酸盐时，鱼虾类血液中的亚铁血红蛋白被其氧化成高铁血红蛋白，从而抑制血液的载氧能力。鱼类长期处于高浓度亚硝酸盐的水中，会发生黄血病或褐血病。亚硝酸盐在水产养殖中是诱发暴发性疾病的重要的环境因子。

当水中亚硝酸盐达到 0.1 毫克/升时，鱼虾红细胞数量和血红蛋白数量逐渐减少，血液载氧逐渐丧失，会造成鱼虾慢性中毒。此时鱼虾摄食量降低，鳃组织出现病变，呼吸困难，躁动不安。

当亚硝酸盐达到 0.5 毫克/升时，鱼虾某些代谢器官的功能失常，体力衰退，此时鱼虾很容易患病，很多情况下鱼虾暴发疾病而死亡，就是由于亚硝酸盐过高造成的。亚硝酸盐过高可诱发草鱼出血病。鳗亚硝酸盐中毒时鱼体发软，胸部、臀部带浅黄色，肝脏、鳃、血液呈深棕色。对虾中毒时，鳃受损变黑，导致死亡。

②防止亚硝酸盐过高的方法：

a. 定期换注新水。

b. 保持养殖池或育苗池长期不缺氧。

c. 少施无机氮肥，高温季节培肥水体，以施用生物鱼肥、氨基酸肥水膏为主。

d. 定期使用水质改良剂。

67. 肉眼如何判断水质的好坏?

对于有经验的水产养殖者,初步判定水质的好坏是基本技能。为了帮助大家掌握一些判定水质好坏的基本知识,笔者特将水质好坏的一些基本表象介绍如下。

(1) 水质良好的基本特征 水质的肥、活、嫩、爽是渔民在长期生产实践中对良好水质和水色在视觉上的一个概括。

肥——水体具有一定的肥度,透明度保持在25～30厘米。

活——水体有活力,水色昼夜变化大,早晨淡,下午浓。

嫩——水体中的易消化的浮游生物种类多,水表无漂浮的水花,池水不老化。

爽——水体水质清爽,无浑浊感。

因此,从水色可以判断水质的好坏,以下几种水质,可认为是较好的。

①绿豆色:浮游植物主要种类为绿球藻类和隐藻、硅藻,有时有黄绿藻等,透明度在25～30厘米。

②浅褐带绿色:透明度较高,浮游植物主要种类为硅藻、绿球藻目一部分、金黄藻和黄绿藻等。

③油绿色:浮游植物主要种类为隐藻、硅藻、部分为金黄藻和绿球藻。当隐藻和绿球藻特别多时候,透明度就低些。

这几种水色,天热时水面上均无任何颜色的浮泡或浮膜出现。

(2) 池水变坏的征兆 池水变坏多半发生在高温季节,由于腐殖质的发酵分解及水生植物繁殖过盛所致。其征兆如下。

①水色呈黑褐色带混浊,是池中腐殖质过多,腐败分解过快所引起。这种水往往偏酸性,不利于天然饵料的繁殖和鱼的成长。

②水面出现棕红色或油绿色的浮沫或粒状物,一般是蓝绿藻大量繁殖所致,而蓝绿藻类又大多不能被鱼作为饵料利用,反而消耗养料,拖瘦水质,抑制可消化藻类的繁殖,影响鱼的生长。

③水面有浮膜(俗称"油皮"),是水体中生物死亡腐败后的脂肪体,黏附尘埃或污物后形成的。多呈灰黑色,鱼吞食后,不利于消

化；同时，浮膜覆盖水面也影响了氧气溶于水中。

④水面上常有气泡上泛，水色逐渐转变，池水发涩带腥臭，是腐殖质分解过程中产生的碳酸、硫化氢、氨氮、沼气造成，这些气体都具有毒性，对水产养殖动物有一定的危害。

⑤鱼的活动反常，有时在水面旋转打团，久不下沉（某些鱼病也有此种现象）；有时浮头起来后，迟迟不回沉，或吃食量逐渐减少。发生这些现象，如检查不出鱼病，则是池水转坏的征兆。

68. 水质指标有何具体标准？

根据国家《渔业水质标准》，结合各地养殖户的养殖实践，养鳝池塘的水质应按照以下标准进行控制：

①溶解氧在 24 小时内有 16 小时必须大于 5 毫克/升。

②pH 在 6.5～8.5。

③硫化氢不超过 0.2 毫克/升。

④氨氮不超过 0.5 毫克/升。

⑤亚硝酸盐不超过 0.2 毫克/升。

当通过初步的感官判定水质已经或即将变坏时，为了准确判定水质的基本情况，我们需要对水质进行逐项的检测。养殖者可以使用专用的检测试剂，对采自养殖池塘的水样进行逐项的检测，看其数值是否在要求的范围内。然后有针对性地调整相关指标，使水质达到养殖用水的要求。

简易地检测水质，可以使用水质检测试剂盒，包括检测溶解氧、硫化氢、氨氮、亚硝酸盐共 4 种，配合 pH 试纸，便可完整地检测以上 5 项指标。如果在当地没有销售的，也可以在淘宝网等网络查找购买。

69. 如何调节水质？

当发现养殖池水的某项指标超出规定的范围后，就应该及时地进行调控。

（1）**溶解氧的调控**　养殖常规鱼类，一旦出现缺氧，池塘里的鱼就会"浮头"甚至出现死亡。在黄鳝养殖中，如果鳝池的水质出现缺氧，因黄鳝不会出现明显的缺氧反应，养殖者一般不易察觉。由于水体中的溶氧过低，会加剧一些有害物质超标，因此，养鳝池塘同样需要保持水体的溶氧处于较高的水平。

检测出水体缺氧，首要的办法是给池塘进行充水或使用增氧机进行增氧。由于在黄鳝养殖中，短时间的缺氧不会给黄鳝带来危险，所以，一般发现鳝池池水的溶解氧偏低，最多也就是更换部分池水，使鳝池的低溶解氧状况得到缓解即可。

对于放养有白鲢、花鲢等鱼类的池塘，水体缺氧往往会导致这些鱼类出现浮头甚至死亡。为了挽救缺氧的鱼，养殖者可以通过及时向池内加水或撒增氧剂来缓解缺氧状况。

据报道，浮游植物光合作用产生氧气的含量占池塘溶解氧的91.3%～100%，是池塘中氧气的主要来源。而大气的扩散作用（如刮风、使用增氧机等）在池塘溶氧中仅占5.3%～7.8%。因此，浮游植物是稳定池塘生态环境的核心，是保持池塘生态平衡的主力军。

部分池塘出现缺氧，除与放养鱼类数量过大、天气变化等直接因素有关外，更多的因素还在于随着天气转阴，水体中的藻类等浮游植物的光合作用受到抑制或者由于水温变化，水体中的藻类大量死亡所致。

要真正地保持池塘中的溶解氧水平长期处于较高状态，最为简便可行的方法就是给池塘补充"藻种"，补充"藻种"除在清塘后及时补充外，遇上暴雨后水质突然变清（实际是水体中的有益藻类遇上水温急剧变化不能适应出现大量死亡）等情况，也应及时向池塘补充"藻种"，以便维持水体中的藻类平衡，从而保证水体的溶解氧充足。

（2）**酸碱度的调节**　在开展水产养殖的水体中，通常容易出现水体偏酸性的情况。偏酸的水质（pH低于6.5）容易导致部分有害物质的危害加大（如硫化氢）。偏碱的水质（pH高于8.0），水体中的氨氮又容易对鱼类产生毒害。养殖实践证明，将养殖池水的酸碱度长期保持在弱碱性（pH在7.5左右）是最为理想的。但由于养殖池内水体的pH随时都在发生变化，不大可能将其调节并稳定在一个很小的范围，因此，我国的渔业水质标准把合理的 pH 确定在 6.5～8.5。只要在这个范围之内，就是比较好的。对于过低或过高的 pH，就需要进行调节。

如果水的 pH 偏低，可以使用泼洒生石灰来进行调节。一般每 1 米^3 水泼洒 20 克生石灰，就可以将水体的 pH 提高 0.5 左右。在养殖有黄鳝的池塘内泼洒生石灰，一般只对网箱外的水面泼洒生石灰，如果需要向网箱内泼洒，则应先将生石灰化水，澄清，取清亮的澄清液来泼洒，避免将石灰粉撒入网箱中污染网箱环境。生石灰的用量为每 667 米^2 水面 12～15 千克（水深 1 米，若水较深或较浅可进行适当调整用量）。

如果水的 pH 偏高，则可以通过泼洒有机酸等制剂来进行调节。

（3）使用微生物调整水环境　在发现养殖池水的相关指标超出规定范围时，及时使用光合细菌、芽孢杆菌等微生态制剂改善水环境。据有关专家对比实验，泼洒了光合细菌的试验池与使用前相比，氨氮平均降低 48.6%；亚硝酸盐平均降低 71.9%。未使用光合细菌的对照池，由于水环境继续恶化，氨氮增加 26.4%；亚硝酸盐平均增加 45.5%。试验池与对照池相比，氨氮、亚硝酸盐分别低 34.5% 和 71.9%。

微生物的使用效果可能不像使用化学药物那样立竿见影，但持续使用后，其改善水环境的显著效果却是毋庸置疑的。养殖池塘在使用微生物制剂后，一般 2～3 天即可通过检测试剂检测到相关指标的改善。在养殖投料季节，每隔半个月左右给池塘投放一次光合细菌和"黄鳝可乐"，有条件的，可视情况给水体补充"藻种"，可以显著改善水环境，明显提高水质指标，给养殖的水产动物创造良好的生存和生长环境。

（4）加水或换水　在湖北仙桃，由于很多的养殖户都是共用一条水渠，往往是从上面养殖户的池塘内排出的水，下面养殖户又将其抽到了池塘中。这些养殖户在每次加水或部分换水之后，都要使用消毒药品对池塘进行消毒一次。虽然加入的池水水质不是很好，但至少给养殖池塘补充了部分新水。有条件的养殖户，在 7—9 月，可以在每天中午给养鳝池塘补充一部分新水，一方面可以使水质更加清新，同

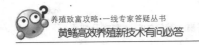
时也有利于降低水温，使水温更加有利于黄鳝的正常摄食和生长。

第二节　黄鳝的工厂化养殖

所谓工厂化养殖黄鳝，就是像工厂生产产品一样，配置类似工厂生产车间一样的设施来进行集约化、标准化的养殖生产黄鳝。工厂化养殖，可以实现节水、环境友好、生产可控、效益倍增、操作简单、管理方便等养殖效果，其技术和发展条件日趋成熟，近年来已经引起众多养殖从业者的关注，部分先行者甚至已经取得相当多的成功经验，有的模式甚至可以作为大面积推广的典范。

70. 黄鳝的工厂化养殖有没有比较成熟的模式？

黄鳝工厂化养殖经历了无土水泥池集约化养殖、薄膜池＋大棚等模式的过渡之后，逐步向更高的养殖水平发展。在多种多样的工厂化养殖模式中，比较具有代表性的模式有以下几种。

（1）水泥池＋温室模式　早在 2004 年，长江大学动物科技学院的杨代勤等就开展了高密度控温流水养鳝实验。该实验采用了小水泥池＋温室的模式，同时配备了加温和控温设施。每个水泥池的规格为 0.9 米×0.5 米×0.4 米，池水深 15～20 厘米，池内放相当于池面积 1/3 的泡沫板，以遮挡光线便于黄鳝栖息。于 4 月下旬投放平均规格为 18 克/尾的鳝苗，平均每平方米投放 5.6 千克，主要采用自配饲料拌和绞碎的白鲢肉进行投喂，经 214 天的养殖，平均每平方米收获黄鳝 40.5 千克，成活率达到 96.6％，收获的成鳝平均规格为 176.3 克/尾。这一模式对水温、气温及水质要求较高，目前未见大面积的商品养殖应用实例。

（2）网箱＋大棚模式　2012 年，湖北沙洋县后港镇养殖户刘军在贯头村建造了占地约 4 万米² 的大棚养鳝场，共建有大棚 50 个，每个大棚占地约 300 米²，内设规格为 4 米² 的网箱 30～40 个。使用地下水作为养殖水源，全面采用管道进行给排水，养殖用水通过蓄水处理池进行处理，全面实现循环水养殖。通过大棚的保温调节，可以使箱内水温常年保持在 10～30℃ 之间，网箱内投放水花生，以营造适宜黄鳝栖息的环境，网箱外使用土工膜做池，既起到保水的作用，同时将水与泥土进行隔离，实现无土养殖，便于保持清洁和消毒杀菌。每口箱投放鳝苗 15 千克，经 4 个月以上的投喂，可以出产商品黄鳝 60 千克左右。据介绍，2014 年，该基地共出产黄鳝 12 万千克，获得销售收入 770 万元，扣除成本 550 万元，获利 200 多万元。

（3）大棚＋网箱＋鳝巢模式 2016 年，江苏张家港市的王忠华在中国水产科学研究院淡水渔业研究中心专家的支持下，除采用塑料大棚＋网箱外，还特别地使用了一种类似蜂窝的塑料"鳝巢"来开展黄鳝养殖。这种"人工鳝巢"每一组可以形成人工洞穴约 500 个，一口规格为 6 米^2 的网箱放置两组这样的"鳝巢"，可至少供 1 000 条黄鳝"居住"。该基地当年共建立大棚约 6 000 米^2，实现了较具规模的商品生产。该模式养殖黄鳝，可不再使用水草，结合采用微孔增氧、微生物处理水质等方法，可以很好地保持养殖用水的水质。每 667 米^2 大棚内设置养殖网箱 50 口，每口网箱投苗 20 千克，可出产大黄鳝 50～75 千克，每 667 米^2 产量可轻松突破 5 000 千克，是传统池塘网箱养殖黄鳝产量的 3～5 倍。

71. 循环水工厂化养鱼模式是否可以应用于养鳝？

由于工厂化养鱼具有条件可控的优势，使养殖再不用像传统农业一样靠天吃饭。同时，使用工厂化养殖，很多环节都可使用自动化，可以显著降低人工劳动强度，规模养殖也降低了管理难度，很容易实现标准化的养殖生产。

（1）黄鳝的特性有差异，"拷贝"还需解决一些问题 由于黄鳝与其他的多数鱼类在栖息、采食方式等方面存在着一些差异，在引进其他水产养殖模式时，肯定就会在这些方面遇到一些问题，这些问题还需要大家在实践中去解决。当然，现实中一些成功的经验也可以借鉴，比如前面介绍的"人工鳝巢"就可以较好地解决黄鳝栖息的问题。通过引入其他水产的成熟养殖模式，加上针对黄鳝特性进行不断地改进，相信黄鳝的工厂化养殖定会迎来一个高速发展期，最终造福广大

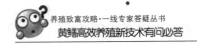

养殖者和消费者。

（2）工厂化设施投入还较高，新手最好"DIY"　　目前的工厂化养鱼模式大多参考发达国家的模式，有的甚至是全套进口设备和技术，这些工厂化养鱼设施，仅水处理系统，就包含分离残饵和粪便的微滤机、蛋白分离器、生物滤池、紫外线杀菌设备及充氧设备等。一套国产的小型设备至少都需要几万元，大一点的几十万、上百万甚至更高，全进口的设备价格就更高了。直接购买成套设备来开展工厂化水产养殖的投入较高，一般的养殖者大多望尘莫及，因而这样的养殖模式也被业内称为"土豪模式"。由于养殖的根本目的是要实现养殖效益，为了达到使用较少的投入获得与标准的工厂化养殖相近的养殖效果，很多养殖者对引进的工厂化养殖进行了大量的改造，从而形成了各具特色的"改造模式"。与对虾、多宝鱼等实现规模化工厂化养殖的鱼类相比，黄鳝的工厂化养殖尚处于起步阶段。对此有兴趣的养殖者，可以在搞懂基本原理的情况下，通过部分使用人工辅助或自制一些设备来实现基本的功能，从而探索出真正适合黄鳝工厂化养殖的模式，或者在前面介绍的模式的基础上，逐步加入一些水处理环节，最终实现较低生产成本的全封闭循环水养殖黄鳝。

72.　工厂化养殖系统的主要"部件"是什么？

粗略地来看，工厂化养殖的设计主体主要包含以下两个方面。

（1）**养殖池**　用于开展工厂化养殖的养殖池，一方面是能给养殖的鱼类提供良好的生活环境，主要包含活动及吃食的环境。对于一般的鱼类，其采食和活动基本都在一个水槽中，不需要特别的设施。对于像黄鳝这样的有穴居习性的鱼类，则还需营造供其栖息的环境，目前比较理想的是使用"人工鳝巢"。另一方面是要具有良好的排污功能，能将鱼粪、残饵等及时排出到池外，尽量避免对养殖水体带来污染。目前比较常见的排污设计，一种是将池底设计成漏斗形，让残饵粪便等能够沉积到"漏斗"的底部排水孔附近，便于排水时将其排出。也有的是在池内排水管的对面安装小型的推水设备，在排水时利用推水设备将残渣顺水"推"到排水孔附近，便于及时排出到池外。

（2）**水处理系统**　从池内排出来的水，将其进行系统地处理，使水质达到一定的标准后，就可以再次回流到养殖池内。水处理系统主要包括以下几个部分。

①固液分离装置。固液分离装置主要是将水体中的残渣等颗粒物质分离出来，一般有两种形式，一是采用微滤机，这是一个专门的分离设备，在污水处理等方面也在应用。使用网孔较小的筛网（200目及以上），可以获得较好的出水水质，只是一次性的投入较高，过滤时中心部分要转动，需要耗电。二是采用弧形筛，不需要动力和清洗用水，造价相应较低，出水水质相对比微滤机差一些；对于小规模养殖，也可以使用筛绢网加过滤棉，自己制作简易的过滤分离装置。

②紫外线消毒。这个环节主要是使用紫外线灯对流动的水体进行杀菌和灭藻，对细菌和藻类的杀灭率可以达到95％以上。紫外线对生物进行长时间的照射，会带来一定的危害，所以，紫外线灯一般都安装在管状容器内，以免照射到周围的鱼和操作的人等。待消毒的水进入容器稍加停留，然后从容器流出，具体的停留时间可以根据消毒灯的功率大小及水流速度进行调整，以确保杀菌和灭藻达到理想效果。使用紫外线对养殖水体进行杀菌和灭藻处理，完全可以取代传统的消毒剂，且没有任何的残留和副作用，综合的成本也不高，这非常有利于生产无公害农产品，值得在水产养殖中推广普及。

③蛋白质分离。经过滤分离后的水体中尚有大量溶解的有机物，要将这些物质分离处理，一般也有两种方式，一种是使用蛋白质分离器，该设备通过向水体中大量注入臭氧，对有机物质进行氧化达到分离的目的，标准化的养殖是直接购买成型的设备来处理这个环节；另一种是建造气浮曝气池，这种池子模仿蛋白质分离设备的基本构造，在池底安装一个曝气装置，通过大气流的注入对池水中的有机物进行氧化，同时在顶部安装一根排沫管，将反应生成的泡沫排出，从而达到分离有机物的目的。

④生物净化。这个环节主要是降解水中的氨氮，利用硝化细菌将水体中有毒的铵态氮和亚硝酸盐氮转化成无毒的硝酸盐氮，从而达到降解氨氮的作用。生物净化通常是建造一口或多口生物净化池，池底安装微孔增氧盘，外接罗茨风机。池内投放大量填料，填料的种类很

多，早期有人使用小石子做填料，还有使用塑料网片等来做填料，现在也有使用塑料制作的专用填料，这种填料通过多孔设计，大幅度提高了填料的总表面积，选择时应尽量选择表面积比较大的填料，以提高细菌的附着面，增加其处理能力。水池内注水并投放硝化细菌菌种、培养的营养物质，并通过底部安装的微孔增氧装置进行供氧，让硝化细菌快速繁殖，并在投放的物品表面形成一层菌膜，"挂膜"成功后，就可以将水引入生物净化池进行处理了。

⑤增氧。这个环节主要是将水体中的溶氧调整到需要的范围（一般是要求达到8～12毫克/升），以满足高密度养殖的需要。增氧一般是采用罗茨风机和纳米微孔增氧管进行增氧。在超高密度养殖情况下，则是使用纯氧增氧设施进行增氧。

此外，在一些较高标准的工厂化养殖系统中，往往还会包含保温及调温设施，除使用温室、大棚进行保温外，还会配置池水加热和空调等设施来对养殖环境内的温度进行调节，对于一些对光照有特殊要求的鱼类，还会配备光照调节等设施。

全程按照以上环节开展工厂化养殖黄鳝的养殖者还极少，2016年，笔者对开展这方面实验的几名养殖者进行了关注，并通过交流一起对处理环节进行了一些改进，取得了不错的养殖效果。2017年，大众养殖公司将开展稍具规模的工厂化养殖和繁殖实验，欢迎对此有兴趣的读者和笔者取得联系，共同探讨黄鳝的工厂化繁养之路，同时也诚心希望与工厂化养殖有关的专家行家提出宝贵的意见和建议，使工厂化养殖技术尽快在黄鳝养殖行业发挥应有的效果。

第三节　黄鳝的其他养殖方式

除了上面介绍的养鳝方式，还有无土水泥池养鳝、大土池养鳝、稻田养鳝等方式也很受关注。在这里将其做一个简要的介绍。

73. 无土水泥池养鳝有什么优点和缺点？

(1) 优点　与有土养殖等其他养殖黄鳝的方式相比，无土水泥池养鳝具有非常明显的优点，主要表现在以下几个方面。

①换水清淤彻底。无土水泥池池壁光滑、池底向排水孔一边倾斜，可以比较方便地把池内的污物进行清理，利于保持水质清新。

②泼洒药液无死角。水泥池建造比较标准，水体计算准确，没有泥土供害虫和病菌躲藏，可以准确地使用药物进行泼洒消毒和杀虫，防治疾病效果好。

③水深控制方便。有利于更好地进行水温的调整。在春季可以把池水深度下降到 10 厘米左右以快速提高水温，在夏季可以通过将水深加深到 50 厘米以上来避免水温过高。调低水深提高水温利于延长黄鳝的采食期，从而同期采食量更大，生长更快。

④使用期长。一次建池，至少可使用 20 年以上。

⑤操作管理很方便。无论是投喂还是捕捞，其管理操作都非常方便，劳动强度小。

(2) 缺点 与后来发展壮大的池塘网箱养殖黄鳝相比，其缺点主要表现在以下几个方面。

①建池投资较大，尤其是近年来，建筑材料和工人工资的上涨，使建造水泥池的成本大幅上涨，目前每平方米鳝池的建造成本已经高达 100 元甚至更高。虽然水泥池很耐用，但由于其目前的养殖产量与池塘网箱养殖相比也并无明显提高，所以从投资回报的角度考虑，建造水泥池的投资还是有些过高。

②对温度的缓冲能力小于池塘。由于水泥池的水体较小，在气温变化幅度较大时，其水温也会出现较大的波动，导致黄鳝难以适应而发病。夏季须采用局部遮阳等措施才能将池水控制在安全范围内。

③换水操作较为频繁。虽然在水泥池开展养殖管理比较方便，但由于其水体小，尤其是在吃食旺季，鳝池的水质变化很快，管理人员稍有懈怠就可能导致水质恶化，引起黄鳝停食甚至出现上草等病症反应。

74. 如何较好地开展水泥池养鳝?

由于养鳝者的条件千差万别，对于像四川盆地这样的条件，很多养殖户不太具备开展网箱养殖黄鳝的条件，同时，水泥池养鳝更适合开展工厂化养殖，所以部分养殖者仍然希望使用水泥池来开展黄鳝养殖。为此，笔者于2013年对无土水泥池养鳝技术做了进一步的改进。通过近两年的养殖实践，改进后的鳝池配套系统，可以更好地克服原有水泥池养鳝存在的一些缺点，取得较好的养殖效果（彩图12）。

（1）无土水泥池的修建　每口鳝池的面积仍然为10米²，其长度为5米、宽度为2米、深度为80厘米。池底向一侧略微倾斜，在较低的一边设置排水孔，孔内插上水管以控制水深。为了更加方便排污，将每口池的排污口设置为3个。进水管设置在出水管的对面，池内铺设水草（水葫芦或水花生），水草面积占鳝池的50%～70%。

（2）蓄水池的配套　采用无土水泥池养鳝，需要配备专用蓄水池。蓄水池的蓄水量应至少为鳝池平常蓄水的2倍。在养鳝池和蓄水池中间建一口小型的沉淀池，以便鳝池排出的池水在此进行沉淀后，再流入到蓄水池中。沉淀池底部的污物应定期进行清理。蓄水池除回收鳝池排水外，还应经常补充新水。池内主要养殖白鲢、花鲢以净化水质，同时定期补充光合细菌和硝化细菌，培养水体的优势菌群。配置充氧设备，保证给鳝池供应的水体含氧量至少在3毫克/升以上。

（3）养殖期的管理要点　采用无土水泥池养殖黄鳝，主要应做好以下几点。

①水草管理。据实验，在四川盆地这样的条件下，春季投放早苗养殖黄鳝，使用的水草最好还是水葫芦。但到夏季水葫芦容易生长过旺，植株生长过高而根须大量脱落，因此，到夏季水草最好逐步过渡到使用水花生。过渡方法为：先将鳝池的一半水草更换成水花生，铺设厚度在20厘米左右，等其生长正常后，再更换另外一半。水花生容易长虫，应注意使用微毒农药杀灭害虫。

②投喂管理。采用水泥池养殖黄鳝，为了便于清理残饵，最好是采用底部投料的方法进行投喂。给黄鳝投喂的饲料最好采用未经膨化处理的粉料，将其拌和成团后投放在排水孔附近的无草区，这样可以很方便地将残饵清理干净。

③水温和水质的管理。在气温出现突变及夏季高温且大量投料阶段，应将供水模式变更为"微流水"，每天给鳝池供水的时间可以视

情况进行设定，一般以 3～10 小时为宜，以确保鳝池水温比较稳定，水质保持良好。

75. 大土池养鳝有什么优点和缺点？

"大土池生态养鳝"是大众养殖公司于 2013 年最新试验总结的一种新型的养鳝模式。该模式一般使用整块稻田为池，且是标准的土池养殖模式，因而笔者将其定名为"大土池生态养鳝"（彩图 13）。这种养鳝模式全面模仿了黄鳝的野外生态环境，更有利于生产深受消费者喜爱的生态黄鳝。

（1）优点　"大土池养鳝"具有如下优势。

①放养的鳝苗成活率更高。大土池养殖黄鳝，其生长环境更加接近黄鳝的野生环境，收购投放的鳝苗更容易适应，应激反应相对较小，鳝苗的成活率更高。

②疾病更少。网箱养殖黄鳝，把黄鳝集中在仅几平方米的范围之内，且局部密度较大，黄鳝可自行选择的范围非常有限。而采用大土池养殖黄鳝，当一个地方因残饵等影响出现水质变坏或其他不利于黄鳝生存的情况时，黄鳝完全可以游离有害区域，自行选择适宜的环境，同时，大土池养殖黄鳝的养殖密度远低于网箱，黄鳝在这样低密度的宽松环境中，只要稍加防治寄生虫，养殖的黄鳝几乎没有疾病发生。

③操作更加简便。使用大土池养殖黄鳝，无论是投喂还是日常管理，都要比使用网箱养殖方便省力。在正常养殖阶段，一个人可以轻松管理 6 670 米^2 以上的养殖面积。而开展网箱养殖，由于需要一口一口网箱进行管理操作，一般一个人只能管理 2 000～3 000 米^2 的养殖面积。

④更省饲料。采用大土池养殖黄鳝，黄鳝排出的粪便以及部分残余饵料在水体中分解后，可以培育大量的饵食（包括枝角类、桡足类、水蚯蚓等），这些生物可以任由黄鳝捕食，网箱养殖中，残饵和肥水都被"打残食"这一操作转移到了箱外，虽然也能培养出一些浮游生物，但由于黄鳝的活动空间有限，即使能够捕食到一些，但也非

常有限。

⑤效益更高。以 2013 年冬季为例，野生黄鳝与一般养殖黄鳝的差价为每千克 20 元以上。采用大土池养殖的黄鳝，能养出外观和口感都和野生黄鳝相近的生态黄鳝，可以卖到和野生黄鳝相同的价格。在野生黄鳝受欢迎的地区（比如浙江、江苏等地），采用这样的仿生态养殖更容易获得好的经营效益。

(2) 缺点　由于大土池养殖黄鳝发展的时间尚短，还有很大的改进空间。与池塘网箱养殖黄鳝相比，大土池养殖黄鳝的缺点主要表现在生产效率不及网箱养殖，也就是总的养殖增重效果没有网箱养殖那么高。经笔者和部分养殖户的实践观察，都发现使用大土池养殖，增重很好的黄鳝总是少数。比如笔者在 2013 年的实践中，全部投放的是尾重 15 克左右的鳝苗，捕捞时发现有极少数的个体达到每尾 150 克左右，100 克以上的个体不到 10%，50 克以上的个体也仅占 40% 左右，近一半的鳝苗几乎没有多少增长。在大土池中投放的黄鳝，由于其活动的空间比较大，给黄鳝投喂的饵料不能及时被所有的黄鳝找到，从而影响黄鳝的开口率。虽然养殖者每天在向池内投喂饵料，但有些黄鳝可能在一个养殖季节都没有吃到养殖者投喂的饵料，而是仅仅像在野生状态下一样，依靠采食一些浮游生物和小鱼、小虾维持生命，这样的黄鳝长势肯定不好。一些增重不好的黄鳝势必拉低整体养殖生长效果，这可能是使用大土池养殖总体增重效果不是很好的根本原因。

76. 如何开展大土池养鳝？

大土池养殖黄鳝，主要就是在养殖的方式上和网箱养殖等方式有些区别，其基本的养殖管理方法是类似的，这里就将有所区别的几个要点介绍如下。

(1) 养殖场地的设置　开展大土池生态养殖黄鳝，宜选用土质为壤土（砂质土壤容易擦伤鳝体，不能用这种方式养殖）的稻田，田块保水性能好、能排能灌。养殖前须在其四周进行围网，防止黄鳝逃跑和在四周打洞。围网要埋入泥土 30 厘米，每隔 5 米左右打一根木桩，桩上拉铁丝，并将围网的上边沿固定到铁丝上。

（2）**水草的投放**　在开展"大土池"养殖黄鳝时，使用的水草一般是水葫芦。使用水葫芦最大的好处就是比较方便管控。在养殖过程中，发现水草生长过密，可以随时打捞清除一部分即可。水草的投放面积控制在总面积的 10%～20%，采用塑料管或竹竿做框将其均匀固定在养鳝池中。从外面引进水草时，一定要对水草进行杀灭寄生虫和鱼卵的处理，一般每立方米水使用"鳝宝水蛭清"5 毫升兑成药液，将水草先放在药液中浸泡 10 分钟以上，然后再投放到稻田中，或者是将水草铺设好以后，按每平方米水草使用 1 毫升"鳝宝水蛭清"进行兑水泼洒，以杀灭水草中的寄生虫和鱼卵。同时注意，如果从其他水域取水，应使用密网进行过滤处理，以免引入杂鱼到鳝池。这个过程若不严格把关，往往会导致"大土池"中杂鱼滋生，与黄鳝抢食，严重影响养殖产量。

（3）**鳝苗的投放**　在四川盆地，一般每年的 4 月份气温就可以达到 20℃以上，当水温稳定在 22℃以上时，便可收购野生鳝苗投放养殖。投苗前必须保证底泥比较柔软，便于黄鳝钻洞。如果底泥不够柔软，可使用小型机械进行翻耕，同时按每 667 米^2 施用农用过磷酸钙10～15 千克，以软化池泥。投放的鳝苗一般以每尾 15～30 克为宜，每 667 米^2 投放鳝苗 200 千克左右。投放鳝苗时为提高水温，以保持池水深度 10 厘米左右为宜。投苗后每天巡池，发现死鳝和病鳝及时拣出。当黄鳝状况稳定后，即可慢慢加深池水"逼迫"黄鳝到水面上的水草中去，以便开展驯食和正常的投喂养殖。

（4）**草鱼的套养**　在正常投喂养殖期间，如果土池的杂草过多，黄鳝就有可能分散栖息于杂草丛中，不利于集中驯食。此时若杂草过多，应人为进行除草。同时，还应投放适量的草鱼（一般每 667 米^2 土池投放规格为 500 克左右的草鱼 5～10 条即可），以便控制杂草的进一步生长。在"大土池生态养鳝"的模式中，由于草鱼有可能和黄鳝抢食，因此投放的草鱼数量应严格控制，不可过多。

（5）**日常管理**　投喂大土池的黄鳝的用料一般与网箱养殖一致，投喂方法也与网箱养殖类似，均是在水草丛中设置食台。养殖池的水深一般在 50 厘米左右，养殖者可以撑小船，也可直接下池操作。养殖期间要注意管理水质，做好水质的调控。

（6）**黄鳝的收捕** 大土池内养殖的黄鳝，若当年需要销售，则最好在冬季低温来临前，将其捕捞起来投放到网箱内暂存。

暂存黄鳝的网箱需提前配置好水草，进入到 10 月以后便可以将黄鳝捕起转存到网箱中。

大土池内黄鳝的捕捞方法比较简单，捕捞前先彻底清除塘内的杂草，然后使用一口 6 米^2 的网箱或能全部套住一团水草的网片，从草排的一侧轻轻套入，直到把草排全部套入到网箱或网片中。拉起网的四周，然后将箱内的水草拣出，黄鳝就在网中了。用这种方法可以捕捞池内 90％以上的黄鳝。对于少量漏网的，可以先将池内的水草清除，只留下少量的草团，过两天再用网箱套草团进行捕捞，一般重复2～3 次就可以彻底将池内黄鳝捕光。

77. 稻田养鳝有什么重要意义？

近年来，稻田综合种养模式引起了农业部及各级政府部门的高度重视。在政府部门的大力推动之下，全国各地都在开展稻田的综合种养模式探索和大面积生产应用推广。稻田综合种养是一种以水稻为主、兼顾养殖的互利共生的稻田生态养殖模式。采用这一模式具有以下优势。

（1）**可以减少化肥和农药的使用** 稻田通过套养黄鳝，黄鳝排出的粪便可以作为水稻的肥料，可以减少甚至完全不用施肥。黄鳝可以捕食大量的稻田害虫，可以明显减少害虫对水稻的为害，稻田可以不使用杀虫剂。连续多年采用这种模式，有利于整个农田生态系统的修复（土壤有机质增加使土壤的肥力提升、土质疏松、农药残留减少）。

（2）**可以提高产品品质** 采用综合种养模式生产的大米，其安全性和品质均有显著提升，大米的售价至少可以提升 1 倍。四川邛崃、崇州等地将使用稻田综合种养模式生产的大米进行简单包装出售，每千克售价一般均在 10 元以上，比普通大米高一倍以上，高的更是达到每千克 80 元。

（3）**可以额外增加农户的收入** 应用稻田综合种养模式来开展稻

田养鳝，用于养鳝的面积占稻田总面积的 10% 以内，通过调整水稻的栽插模式，使用宽行密植，田块中的总株数基本不会减少，总的产量与老方法栽植基本保持一致，但稻田内除了收获水稻外，每 667 米² 稻田还可另外收获大约 100 千克的黄鳝，按 2015 年冬季每千克大规格黄鳝价格 75 元计算，可以增加收入达 7 500 元，扣除投入也可获纯利 4 000 元左右。

78. 稻田养鳝有哪些方式？

（1）稻田网箱模式　2013 年，四川省泸州市纳溪区的张帮勤在 667 米² 稻田中安放了 5 口 6 米² 的网箱开展稻田网箱养鳝（彩图 14），5 口网箱产鳝近 130 千克，取得了比较理想的养殖效果。他的主要做法是：

①开沟安箱。选择水源方便且地势较高的稻田，在稻田的一侧开挖长度约 30 米、宽度为 3 米、深度为 50 厘米的养鳝沟。在沟内打桩拉铁丝后安放网箱。

②水草布设。3 月下旬开始在网箱内铺设水草，采用水葫芦作为养鳝水草，投放水草的面积以覆盖网箱内水面的 70% 为宜。

③投放鳝苗。4 月上旬开始，养鳝沟内保持水深 30 厘米左右，直接从附近的黄鳝捕捉者购买刚刚捕捉到的鳝苗（规格为每尾 20～50 克）。每口网箱投放 10 千克鳝苗。

④黄鳝的投喂。初期采用新鲜的小杂鱼剁碎投喂黄鳝，采食正常后采用绞碎的鱼糜逐步拌和配合饲料进行投喂。

⑤养殖管理。秧苗栽插后，根据秧苗的需水情况适当加深水位。夏季田间虫子较多，晚间可在黄鳝网箱上方挂灯诱虫，一方面给黄鳝补充饵料，同时消除田间害虫。养殖中途使用“水蛭清”杀灭黄鳝体表及水草上的水蛭。吃食旺季定期在饵料中拌加中药防治疾病。

（2）稻田厢沟养殖模式　这种模式只需对稻田进行稍加改造即可开展（彩图 15）。采用这种模式，可以减少甚至不再使用化肥和农药，并可作可为持续发展生态农业模式，是一项很有发展潜力的稻渔种养模式。其基本的技术要点如下。

①选择稻田。用于开展黄鳝养殖的稻田，必须地势较高，夏季不会被洪水淹没。水源比较充足，干旱时能保证稻田内有足够的水量。田埂的高度在 50 厘米以上或能确保稻田在需要时可以蓄水 30 厘米以上深度。

②设置围网。为了达到有效的防逃和方便捕捞黄鳝，养鳝稻田必须进行围网或将田埂进行抹水泥硬化，杜绝黄鳝在四周打洞和逃跑。围网采用网目为 8 目左右的聚乙烯扣结网片，一般选择宽度为 1.5 米，将其一边埋入泥土下 30 厘米，另一边使用打桩拉铁丝的方式进行固定。对于田埂进行硬化过的稻田，则只需要使用网片对排水口和进水口进行围栏即可。

③开沟起厢（垄）。厢宽 1.2 米、沟宽 0.4 米、沟深 0.2 米。先在地里施足底肥，肥料选用有机肥或复合肥均可，然后使用微耕机将田进行翻耕耙平，再使用稻田开沟机或人工进行开沟做厢。为了防止杂草生长和提高水稻的生长效果，有条件的也可在厢上覆盖超微降解膜。

④水稻的育苗及移栽。四川盆地一般 3 月初至 4 月上旬育苗，采用"川优 6203""黄华占"等优质稻种，小苗移栽采用打孔错位栽植，秧苗在 4 叶就应该移栽。按"苗距 0.1 米，窝距 0.3 米，行距 0.4 米"三围栽培规格，可先制成打孔器，统一打孔，然后按孔标准移栽。每行 4 窝，每窝 3 孔，每 667 米^2 4 400窝。若水稻提早到二叶一心栽植，每孔需栽插双苗。

⑤鳝苗的投放。用于稻田养殖的鳝苗需是直接从捕捉者手上收购的一手苗，收苗时间可以安排在 4 月上旬以后，选择规格为 20～50 克的鳝苗用于投放养殖，每 667 米^2 稻田投放鳝苗 20～50 千克。

⑥黄鳝的投喂。可使用水葫芦或水花作为给黄鳝投食的食台，一般 667 米^2 稻田可以设置 5～10 个食台，食台一般都设置在鳝沟的尽头靠近田边的地方。采用剁碎的鲜鱼、河蚌肉等进行投喂，投喂量按照黄鳝重量的 5% 左右即可。黄鳝采食正常后可在鲜料中添加配合饲料进行投喂。夏天可以在食台附近设置诱虫灯，引诱虫子掉进水里供黄鳝取食。

⑦日常管理。平时一般保持鳝沟内水深 0.2～0.3 米，根据水稻

生长期的需水情况调整稻田的水深。

⑧黄鳝的捕捞。水稻收割以后，若需要将稻田的黄鳝起捕出售，此时可将稻田的水深加深到 30 厘米以上，同时在稻田中投放水花生或水葫芦，形成面积为 2 米² 左右的多个草团，"逼迫"稻田内的黄鳝进入到草团中，使用网片搂草捕鳝即可。

⑨后续操作建议。水稻收割后可将稻草粉碎还田，以增加稻田的有机质，提高稻田泥土的疏松度，下年起就可以免耕栽培。栽种水稻前只需对鳝沟进行简单的清理（把多余的泥土清理到厢面上）。上年在捕捞后，留下部分黄鳝做种（选择个体最大和最小的留下，每 667 米² 预留 10 千克左右即可），以后便可不用再投放鳝苗，每年将黄鳝起捕时适当留下些苗和种，供下年繁殖即可。培植好这样一块稻田，就相当于给自己建造了一个生态小银行，这是非常值得农业生产者参考采用的好模式。

（3）"稻-鱼-鳝"模式　这种方式就是在普通的稻田养鱼的模式中，增加投放鳝苗即可。使用这种方式应选择田埂已经硬化或有防逃围网的稻田，稻田的进排水口均有防逃网，避免黄鳝逃跑。这种方式一般每 667 米² 投放鳝苗 10～20 千克即可，可以在鱼沟中设置投料台来对黄鳝进行专门的投喂，也可向稻田中投放小杂鱼，平时投喂些玉米粉等饲料供小杂鱼取食，黄鳝则以捕捉稻田中的小杂鱼为主。

如果稻田内的黄鳝当年需要捕捞出售，则可以在收割水稻之后，采用地笼或堆草捕捉的方式，将稻田内的黄鳝捕捉起来，放于网箱中暂养，以待上市销售。

第五章 黄鳝的疾病防治

任何动物都有可能发生疾病，所有的养殖技术都教导大家要"防重于治"。水产动物相对于畜禽，由于其生活在水里，生病了不能打针和灌药，因此更应注重预防。同时，由于黄鳝养殖的时间尚不长，对其疾病的研究还不深入，这就更加要求养殖者要多从搞好养殖环境、做好常规预防来减少鳝病的发生。

第一节 鳝病的基础知识

了解一些关于鳝病的基础知识，有利于对养殖者开展黄鳝的疾病预防和治疗。

79. 黄鳝为什么发病？

引起黄鳝生病的原因很多，这里笔者仅将主要的几个方面做介绍，供大家参考。

（1）鳝池或网箱引起的发病 新建的水泥鳝池，如没有脱碱就加水养鳝鱼，会使养殖池内的碱性太重，导致黄鳝迅速生病甚至死亡。建造的鳝池必须依据黄鳝的基本生物学特性来创造适宜的环境，比如使用池水很深而又没有水草的养鱼池塘养殖黄鳝等，很容易引起黄鳝患病甚至死亡的。使用网箱养殖黄鳝，应提前将网箱安放入池，使网箱壁着生丰富的藻类变得光滑，避免黄鳝入箱后身体被网箱壁擦伤。

（2）水质 水质不佳是发病的重要原因之一。黄鳝对水的依赖性虽然没有普通的鱼类那样大，甚至离水也可以存活较长的时间，但黄鳝也依靠皮肤进行辅助呼吸，若池水中溶解氧过低，残饵、粪便等大量有机物得不到有效的氧化分解，导致水体中的氨氮等有害物质过高，则会通过黄鳝的皮肤进入黄鳝体内，引起黄鳝出现中毒等症状。所以，搞好池水的管理也是相当重要的防病措施。

（3）**水温**　黄鳝不耐寒也不耐热，在适温范围内温差过大也会发生疾病。因此，我们在具体的养殖中，应该尽量将养殖黄鳝的池水温度控制在适应的范围内，使水温尽量保持相对的稳定。采用小型的水泥池、土池等小水体养殖黄鳝，其水温变化快，养殖者应加强水温管理，高温时采取加盖遮阳网、引入井水等措施来降低水温，低温时采取盖膜等保温措施，避免水温变化过快和过低，引起黄鳝发病甚至死亡。采用池塘网箱养殖黄鳝，换水不要过急，尽量避免水温在短时间内出现较大幅度的改变。

（4）**放养密度**　放养密度过大，超过了饲养管理条件的承载能力，黄鳝摄食不足，会导致营养缺乏，对病害的抵抗力减弱，黄鳝容易生病。同时，在高密度条件下，水质容易恶化，换水若不能及时进行，将迅速导致池水的腐化变质，造成黄鳝生病。因此，对于初养者，一定参照推荐的密度进行投放，在没有较丰富实践经验的情况下，不要盲目地加大投放密度，以免发生意外的情况。

（5）**饵料**　黄鳝喜欢吃新鲜饵料，如一旦投放腐烂变质或携带病菌的饵料，会引起黄鳝患病。比如有的养殖户使用已经变质的死鱼、动物内脏等对黄鳝进行投喂，或者经常给黄鳝投喂尚未解冻彻底的冻鱼，很容易引起黄鳝患病。

（6）**生物因素**　这方面主要是体内外的寄生虫对黄鳝产生危害。目前发现对黄鳝产生明显危害的体内外寄生虫很少，体外的一般是水蛭（蚂蟥），体内的一般是棘头虫和线虫。在人工养殖条件下，由于环境适宜，营养充足，寄生虫的危害也比其在野外明显得多。水蛭寄生于黄鳝的体表，一方面吸食黄鳝的血液，造成黄鳝营养不良，同时给黄鳝的体表造成很多的伤口，容易导致病菌的侵入引起黄鳝发病。棘头虫和线虫寄生于黄鳝的肠道等器官，一方面吸食营养，引起黄鳝营养不良，同时会损伤肠壁等组织，引起肠炎等疾病的发生。大量的寄生虫寄生于黄鳝的肠道，容易引起黄鳝的肠道阻塞，造成黄鳝死亡。我们在养鳝中，需要定期投喂预防药，就是为了控制鳝体随时可能发生的炎症，同时对池水消毒，防止病菌感染。

（7）**机械性损伤**　在捕捞、搬运黄鳝时，由于操作不慎，容易造成黄鳝体表受伤，从而易感染病原体。还有的用钓钩捕捞的黄鳝，会使鳝体受伤感染细菌而致死。一般的捕捉方式中，除笼捕对鳝体的损伤较小外，其他的捕捉方式都对黄鳝有较大的损伤，若受伤部位感染发炎，通常都会因病情的加重而使黄鳝停食并出现死亡。

此外，一些内在因素也会导致黄鳝生病，比如黄鳝的体质、整个饲养阶段的生长发育情况、对疾病的抵抗能力等。一般黄鳝体质健壮，抵抗力强，不易生病；体质较差，抵抗力弱，则易患病。

80.　如何减少黄鳝发病？

根据实践，一般预防黄鳝发病应从以下几个方面着手。

（1）**严把收苗关**　对于在当地就近收购的黄鳝，应了解捕捉者从鳝苗捕捉、装鳝容器到回家暂时存放等全过程，监督其方法并对一些错误的做法进行纠正，在捕捉环节杜绝黄鳝出现疾病。直接购买中间商从外地运入的鳝苗用于养殖的，不应购买在水中长时间浮头、体表没有光泽或有明显伤痕、身体瘫软一抓就着、非繁殖季节肛门红肿或繁殖季节肛门外翻、鳃部发红或发黑、体表发红充血等症状的黄鳝。

（2）**严格杀虫和驱虫**　在投鳝前应对水草等养殖环境进行彻底的杀虫处理，新投入的鳝苗，黄鳝采食正常后应及时在饲料中拌加驱虫药物，同时泼洒外用药物杀灭鳝体表面及水草中的寄生虫。

（3）**及时投喂预防药物**　黄鳝入池后，为了及时控制黄鳝在捕捉、运输过程中的炎症，应及时投料并拌加相应的药物，防止黄鳝疾病进一步加重出现不吃食的情况，影响治疗效果。

（4）**搞好常规预防**　定期对水体进行消毒并投喂预防药物，是预防黄鳝出现疾病的有效办法。养殖者应该有"防重于治"的正确观念，有病才用药往往导致治疗效果不佳而造成不必要的经济损失。

（5）**搞好水质管理**　养殖者要具备观察鳝池水色的能力，明白什么水色是正常的，什么样的池水需要进行调整。有条件的可以配备相应的水质检测试剂，对养殖水体进行监测，一旦出现水体变质应及时换水或采取措施进行调控，确保养殖顺利。

81.　诊断鳝病有哪些方式?

在实际养殖中，用肉眼观察黄鳝在水中的吃食活动状态是检查发现鳝病最主要的方法。通过观察发现异常，再将有怀疑的黄鳝捕起进行体表检查或鳝体解剖。通过查看鳝体及内脏器官，对鳝病做进一步的判断。对于细小的寄生虫及病菌、病毒等，则一般需要借助试验室仪器并具备相关的一些专业知识，作为一般的养殖者，大都不具备这样的条件，确有必要，可以委托有条件的单位来进行，对这方面的内容也就不需要了解。目前养殖者常用的发现和诊断鳝病的方法如下。

(1) 鳝池观察　处于正常养殖阶段的黄鳝，可以从下列几个方面初步判别是否发病：①摄食量。当气温、水温及养殖环境无任何改变，饲料的质量及加工、投喂等均无变化，而黄鳝的摄食量明显减少的情况下，可怀疑黄鳝已经生病。②看体表。黄鳝体表出现腐烂、白毛、异常斑块、寄生虫等，鳝体发红，非繁殖季节而肛门红肿，黏液脱落等，可怀疑已生病。③栖息地点。正常黄鳝平时隐藏于草丛中。在网箱养殖中，最常见的反常状况就是"上草"，黄鳝在白天也爬到水草上面来，且对外界的刺激反应迟钝。在池中没有青苔及杂草的情况下，发现黄鳝在白天的非吃食时间跑到无草区，长时间暴露在阳光下或光线较强的地方，将头长时间伸出水面或爬到水草上面，这些异常的现象都可怀疑其已经生病。④运动方式。黄鳝在非吃食时间出现翻滚或螺旋形、突然性蹿跳，一般为其体表或体内寄生虫的寄生情况严重或患上了神经紊乱症。⑤敏感程度。正常黄鳝对意外的声响、振动、水动等均会迅速做出反应。对反应迟钝者，应注意观察判别。⑥看肥瘦。在人工饲养条件下，黄鳝应该是头小、体圆而短；头大、体细、尾尖的黄鳝，不是营养不良就是患有疾病。

(2) 肉眼检查　在鳝池中发现病态鳝或死鳝时，为了进行进一步确诊，除部分病症非常明显外（如水霉病等），均应捞出病鳝或死鳝进行仔细观察。按顺序从头部、鳃部、嘴角、眼睛、体表、肛门、鳝尾等进行仔细观察。如鳝体鳃部下面发黑，口腔充血，肛门红肿突出，可以初步判断为肠炎。鳝体外表发红，全身充血等，可初步判断为发烧。倒提鳝体，口腔流出血水，身体表面出现出血点或血块等，可初步判断为出血病。通过观察黄鳝的体表，可以对黄鳝的病症做基本的判断，但要对黄鳝的疾病要做出更为准确的判断，通常还需要对黄鳝进行解剖。

（3）内脏检查 能解剖并识别黄鳝的内部器官，是搞好黄鳝疾病防治的重要基本功。对于肝脏、肠道等重要器官，不仅要认识，还要能记住该器官的正常形态及颜色，以便在解剖病鳝时，能立即发现黄鳝内部器官的异常变化。新手可以分别寻找健康鳝和病鳝（比如到市场选取病态黄鳝），解剖进行反复地对比，查看其差异。在鱼类解剖中，一般多使用手术剪进行解剖鱼体，也有采用刀片进行解剖的，但手术剪价格略贵，刀片使用不熟练很容易划伤自己。养殖户平常解剖黄鳝使用家用的小剪刀就完全可以。使用小剪刀对黄鳝进行解剖学习时，可先从黄鳝的肛门着手，首先剪开黄鳝的肛门部位，再顺腹部慢慢剪开鳝体，若血液较多，可使用吸水性较好的纸进行擦拭，以便清楚观看黄鳝的所有内部器官。解剖活的病鳝时，病鳝若出现剧烈的挣扎，在解剖前可以将病鳝的头部在硬物上摔打两下致其昏迷。黄鳝的体表有丰富的黏液，不易捉得稳，可以使用毛巾或软纸包裹鳝体，这样便可非常方便地进行解剖操作。对于尚不认识黄鳝内部结构的新手，可对照本书前面所讲解的黄鳝的内部结构，仔细进行查看，确保能够准确认识黄鳝的几个主要器官。然后可以剪开肠道，查看前肠的寄生虫及肠道的颜色。在解剖时，可注意观察黄鳝的血液颜色，如果血液颜色发黑，且黄鳝的肝部肿大甚至颜色偏黑，极有可能是水质恶化等原因导致鳝体中毒所致。若肝脏上有出血点，则很有可能是出血病。在观察黄鳝的肠道时，若肠道充血、发炎甚至发紫变黑，极有可能是肠炎。通过解剖，结合对黄鳝体表的观察，一般均可以大致判断黄鳝的疾病。

第二节　黄鳝常见疾病的判定和治疗

在一些养鳝书籍中，对黄鳝疾病的描述通常都有几十种，但在养鳝实践中，截至目前，笔者只发现了近 10 种产生明显危害的鳝病。

所以，对于其他病害可以只做了解。

82. 发烧病如何防治？

由于贮存方式不科学，或者在运输、养殖中出现过高密度，且时间过长，黄鳝体表分泌大量黏液，导致水温升高（高的达到50℃），环境温度超过黄鳝的最高适应温度（32℃）而使黄鳝出现生理紊乱而相继死亡。一般死亡率可以达到90%以上。患发烧病的黄鳝，即使当时没有死亡，也很容易发生诸如神经紊乱症之类的疾病而慢慢死去。

（1）症状 黄鳝焦躁不安，相互缠绕，甚至缠绕成团，导致体温进一步升高。在黄鳝刚出现病症时往往不是非常明显，一般3天以后，从外表可以看见鳝体充血发红（俗称"红杆子"），尤其是鳃部附近可见明显的充血发红现象。该病在正常养殖中非常罕见，一般在收购野生黄鳝时由于贮存的方式不科学，往往有大量的黄鳝出现这种情况。

（2）防治方法 虽然有很多书籍对于黄鳝出现发烧病都有具体的治疗方法，比如使用0.06%的硫酸铜溶液（每平方米40～50毫升）进行全池泼洒等，但据实践应用，均没有有效的治疗效果，所以，目前该病尚没有有效的治疗方法。

对于鳝体已经出现发烧的黄鳝，最佳选择是不要收购这样的黄鳝。在收购时应该注意识别，发现已经出现鳃部充血红肿的，千万不可购进。对于不慎购入的，要立即上市处理掉，不要存在任何的侥幸心理，否则会得不偿失。

83. 出血伴肠炎如何防治？

黄鳝出血病（彩图16）往往伴随肠炎发生，是黄鳝养殖和收购中最为常见的疾病之一，该病主要在黄鳝的捕捉、贮存、运输中的由于方法不够科学而导致。黄鳝在捕捉时由于拼命挣扎，很容易出现腹腔受伤而引起发炎从而诱发肠炎病。在高密度贮存的情况下，黄鳝吞入恶化的脏水以及在养殖中投喂不干净的饵料，寄生虫的危害等都可以诱发黄鳝出现肠炎病。对过分饥饿的黄鳝投喂大量的鲜活饵料也有可能致使黄鳝过量取食而引发肠炎，因此，我们在入池当天投料时一定要按照标准，切勿投得太多。

（1）症状 从体表看，肠炎最为明显的特征便是肛门发红发炎。在 6—7 月黄鳝繁殖季节，几乎每条黄鳝都会出现肛门红肿的现象，此时最应该注意的是，肛门是否红肿并外翻，若只是红肿而不外翻，则应判定为正常现象，若肛门出现外翻，则是肠炎的表现。在非繁殖季节，若发现黄鳝的肛门红肿，则应判定为肠炎。为了进一步作出准确的判定，有必要对黄鳝进行解剖。在解剖中，应该仔细观察黄鳝的肠道，如果黄鳝的肠道出现充血红肿，有淤血或肠道发紫发黑，各内部器官均破裂并有出血点，肝肿大，严重的肝部有绿豆大小的出血点，则可准确判断其为出血伴肠炎。

（2）防治方法

①对于在收购时即发现症状为肠炎的，不要进行收购用于养殖。

②在收购养殖初期，如果发现部分黄鳝长时间伸头出水面，爬到草上休息，腹部朝上等异常症状时，应该及时捞取病鳝进行解剖，如果经解剖并观察黄鳝的肠道，确认系肠炎时，应立即投喂"鳝宝肠炎灵"。若投喂时感觉黄鳝多数吃食状况不理想，证明此批收购的黄鳝没有把好关，应予淘汰并重新收购用于养殖。

③若在养殖初期黄鳝均吃食生长良好，而之后黄鳝突然出现肠炎症状，总采食量明显下降，多因投喂了不卫生的食物所致。应及时投药进行治疗。投药方法为：按每立方米水体 3 毫升的浓度全池泼洒"鳝宝杀毒先锋"，第二天用量减半；第三天每立方米水体泼洒"鳝宝益碘"2 毫升。在使用外用药物的同时，每千克饲料中加入"鳝宝病毒灵"10 克、"鳝宝金维他"10 克、"鳝宝血炎康"10 克，与每千克饲料加入"鳝宝肠炎灵"2～3 克、维生素 C 2 克交替进行内服，连续使用 4～6 天。

如果由于养殖户对该病发现晚，或用药失当，没能控制住病情蔓延，以至于黄鳝出现上草较多，采食差，或者已经停食，内服药不能进入黄鳝体内，可采用"鳝宝杀毒先锋""鳝宝益碘""鳝宝血炎康"

浸泡泼洒进行治疗。具体用法为：按每立方米水体 3 毫升的浓度全池泼洒"鳝宝杀毒先锋"，半小时后，按每立方米水体 5 克"鳝宝血炎康"（"鳝宝血炎康"需用 60℃以下温水浸泡半小时，泡出中药药性）进行全水泥池或全网箱泼洒，连用两天，"鳝宝杀毒先锋"第二天使用量减半。第三天每立方米水体泼洒"鳝宝益碘"2 毫升。半小时后，按每立方米水 5 克泼洒"鳝宝血炎康"（"鳝宝血炎康"需用 60℃以下温水浸泡半小时，泡出中药药性）。黄鳝病情稳定，能重新采食或增加采食，加入内服药，用量如上。

84. 神经紊乱症如何防治？

本病也称"疯狂症""痉挛病"等（彩图 17）。目前有人认为是较为轻度"发烧"的后遗症，也有人认为系黄鳝体内寄生线虫所致。该病曾经被称为不治之症，在多年的养鳝实践中，对黄鳝的威胁较大。2007 年，湖北仙桃、荆州等地的养殖户，在有关技术人员的指导下，采用"鳝宝金维他"配合病毒性药物进行治疗，取得了非常好的治疗效果。近年来各地相继传出成功治疗此病的好消息。

（1）症状　一般发生在晚春和初夏，在暴雨季节发生较多，在 9 月份也可能发病。病鳝一般不开口吃料，时常会有病鳝在池内或网箱内呈箭状快速游动，或缠绕在水草上，口张开，全身抽动发抖。水清时，还可见病鳝呈 S 状或 O 状旋转挣扎。病鳝在手中可明显感到其身体僵硬，体表黏液少或无黏液，无明显外伤或溃烂。发病初期，敲打网箱或鳝池可见黄鳝在水草中惊窜。此病发病率和死亡率都较高，是目前黄鳝养殖中危害较大的疾病之一。

（2）防治方法

①定期预防。每隔 10 至 15 天，按每千克鲜料拌加"鳝宝金维他"5 克投喂一次，同时配套其他疾病常规预防。

②治疗。一旦发生此病，按每立方米水体使用"鳝宝杀先锋"2 毫升进行全池泼洒一次。按每千克鲜料拌加鳝宝金维他 10 克和"鳝宝病毒灵"3 克进行投喂，连续 3～5 天。第 2—3 天配合使用鳝宝金维他进行全池泼洒，浓度为每立方米水体 5 克。

85. 黄鳝的体内寄生虫如何驱除？

根据有关的资料介绍，对黄鳝造成危害的体内寄生虫有很多种，包括棘头虫、线虫、椎体虫、嗜子宫线虫等，在实践中，发现常见的危害黄鳝的体内寄生虫只有棘头虫（彩图 18）和线虫。在对鳝池进行严格的消毒杀虫的情况下，尚未发现有其他的寄生虫危害。因此，一般只要做好鳝池的消毒杀虫工作，并对外来水源可能造成的感染进行有效的防护，注意驱除黄鳝体内寄生虫便可。

（1）症状 在解剖黄鳝的肠道时，经常可以看见状如小蛆的虫体存在于黄鳝的肠道中，一般多寄生于黄鳝的前肠，也有少数寄生于黄鳝的胃部和肝部。一般每条黄鳝少的有几条寄生虫，多的达到几十条甚至 100 多条。大量棘头虫寄生于鳝体内，一方面与黄鳝抢营养，造成鳝体消瘦，同时由于棘头虫的吻部钻入黄鳝的肠壁等部位，甚至穿过黄鳝的肠壁等，对黄鳝的体内器官造成极大的损伤，很容易引起伤口发炎而诱发肠炎等疾病。在棘头虫寄生较多的黄鳝，通常容易阻塞黄鳝的肠道，引起黄鳝在池内翻转，不久便死亡。据调查，在野生黄鳝中，90％以上的黄鳝体内都有棘头虫寄生。线虫在鳝体中有时会出现在鳝体肠道的后段（后肠），细如丝线，但长度通常有 5 厘米以上，长的甚至达到 10 厘米左右。多数线虫会穿过肠壁而钻入黄鳝的其他器官。

（2）防治方法

①对于收购用于养殖的野生黄鳝，必须在驯食完成后进行投药驱除黄鳝体内的寄生虫。用药方法为：每千克料（鲜重或湿重）拌入"鳝宝鳝虫净"2～3 克，连用 3 天。

②注意监控棘头虫的发展。平时检查黄鳝对病鳝进行解剖时，应注意观察肠内棘头虫的寄生情况，一旦发现，应尽快考虑投药驱虫。

③定期驱虫。在黄鳝吃食生长季节，每隔 30 天左右应拌药驱除一次黄鳝体内的棘头虫。由于黄鳝的吃食不一定很均匀，所以，每次拌药都要连续进行 3 天。

86.　黄鳝的体外寄生虫如何杀灭？

在黄鳝的体外寄生虫中，对黄鳝的生长造成严重危害的为水蛭（俗称蚂蟥，彩图19）。该水蛭的个体非常小，在鳝体上看到的往往为状如菜籽粒一样的黑色个体。这种小个体的水蛭在有关的书籍资料中被称为"中华颈蛭"或"缘拟扁蛭"。

（1）症状　水蛭牢固吸附于黄鳝的体表，以头部居多。水蛭以吸取黄鳝的血液为生，给黄鳝的表皮造成很多伤口，容易感染病菌引起黄鳝发病。据观察，1条黄鳝的体表一般寄生水蛭几条至几十条，多的可以达到100多条。一般养殖池中，在一个养殖周期，若不进行水蛭的驱杀，一般可以导致10%左右的黄鳝因水蛭的过度寄生而衰竭死亡，同时其他疾病（如出血病等）的发病率通常都会因此而比较高。

（2）防治方法

①鳝池杀虫。在鳝池铺上水草后，可以使用下列药物对鳝池及水草进行杀虫处理。a. 每立方米水体使用硫酸铜1克兑水全池泼洒，水草上也要泼到，24小时后排干池水后加入新水，间隔两天后便可以投鳝入池。硫酸铜在溶化使用前应进行过滤，防止成块投入对放入池中的黄鳝产生危害。b. 每立方米水使用含量为90%的晶体敌百虫或兽用敌百虫片1克兑水全池泼洒，24小时后排干池水换入新水，间隔两天后便可以投鳝。c. 每立方米水体使用1.5毫升"鳝宝水蛭清"兑水全池泼洒，12小时后排干池水换入新水即可投鳝。

②带鳝杀虫。一般收购野生黄鳝用于养殖的，应在驯食完成后，对黄鳝进行全面杀虫。带鳝杀虫的方法为：每立方米水使用"鳝宝水蛭清"1.2～1.5毫升兑水全池泼洒。一般应于早晚温度较低或阴天时进行，中午高温时不要使用。平时注意观察，发现鳝体出现水蛭寄生应立即进行投药杀虫。

③进水防虫。取用河水、塘水等野外水源的，可以在抽水入池时使用纱布滤网，防止取水时带入水蛭。常见设置滤网的方式为：使用一个孔眼较大的竹筐，内衬纱布，抽水时让水管将水抽到筐中，通过过滤再进入到蓄水池或鳝池。滤筐内的杂物应倒在离鳝池较远处。

87. 怎样防治黄鳝的中毒症？

给黄鳝投喂粪坑内的蛆虫等不洁食物、鳝池水质恶化等因素，都可以导致黄鳝出现中毒反应。在黄鳝养殖中，这种现象出现若挽救不及时，往往出现大量的死亡。

（1）症状 黄鳝烦躁不安，部分黄鳝爬到池中或网箱中水草的上面，俗称"上草症"。同时黄鳝的吃食很少或完全停食。在黄鳝出现肠炎等症状时，也会出现类似的症状。区分的方法是对病鳝进行解剖。中毒症的明显特征除有上述反应外，其肝脏明显肿大，有的出现发黑、变脆。

（2）防治方法

①预防。投喂干净卫生的饲料；注意养殖池水的变化，水质变坏及时换水。

②治疗。及时换入干净水，同时全池泼洒维生素 C 和"鳝宝金维他"，维生素 C 的用量是每立方米水 10 克，"鳝宝金维他"的用量为每立方米水 5 克。晚上投喂少量的新鲜动物饵料（如蝇蛆、蚯蚓、鱼肉等绞碎或切细的拌和料），若黄鳝能够采食，第二天在饲料中按每千克料拌入"鳝宝金维他"10 克、"鳝宝保肝宁"3～5 克、"鳝宝诱食剂"10 克进行投喂。只要挽救及时，一般几天即可恢复正常吃食。这种情况若是停食两天以上仍未采取有效措施，1 个星期左右即会出现大量死亡。所以，养殖户发现这种情况，应及早采取措施。若是采用网箱养殖出现这种情况，一般是网布被水藻等堵塞，箱内外的水体不能有效交换所致。解决的办法是立即刷洗网布，往箱内冲水；使用池塘网箱养殖的，若整个池塘水质变坏，应尽量全塘换水；使用浮式网箱在水库、河流养殖的，可以在洗刷网布的同时，转移网箱设置地点，以获取新的水源。

88. 黄鳝的水霉病如何防治？

该病也称"白毛病""肤霉病"。一般在气温较低时容易出现，高温季节（水温在 20℃ 以上）一般不会发生。所以在低温季节开展黄鳝养殖，要注意防止此病的发生。

（1）症状　因鳝体受伤或因其他疾病导致表皮腐烂，伤口感染霉菌，长出好似"白毛"的菌丝，且菌丝着生面积逐步扩大，病鳝逐步消瘦死亡。坏死的黄鳝卵粒也可感染水霉菌。

（2）防治方法

①预防。在水温低于 20℃ 时收购黄鳝养殖，在分级后可以按照每立方米水使用"鳝宝水霉灵"3～5 克的浓度对黄鳝进行药浴浸泡半小时，然后再进行投放。

②治疗。如果在池中发现个别的黄鳝出现水霉病，可以将黄鳝捉出并按上面的浓度配制药水进行浸泡，直至水霉消失后再投放回养殖池。若发现患病的黄鳝较多或不好捕捉，可以按每立方米池水使用"鳝宝水霉灵"5 克的浓度兑水全池泼洒，同时每立方米水体泼洒"鳝宝益碘"2 毫升，连用 3 天。

89. 如何防治黄鳝的感冒病？

在鳝池中快速加入温差较大的新水、投鳝入池时容器内的水温与鳝池水温差异较大、低温季节长时间离水摆弄黄鳝，都会使黄鳝患上感冒病。

（1）症状　黄鳝表现焦躁不安，皮肤失去光泽，体表黏液分泌增多。严重时黄鳝休克甚至死亡。

（2）防治方法

①严格按培训的技术要求进行操作，在转池、投放等环节注意不要使水温差异过大。

②使用小池培育鳝苗，应严格采取遮阳措施，防止水温变化过大。换水时，每次换掉池水的 1/3 即可。

③按防病方案投喂"鳝宝金维他"，提高黄鳝的肌体抵抗力。供应充足的饵料，使黄鳝的营养充足，体质健壮，增强黄鳝对外界环境的适应力。

④黄鳝转池提前半天泼洒"鳝宝转安康"，每立方米水 2～3 克。

转池后泼洒"鳝宝感冒灵",每立方米水2毫升。

90. 黄鳝的白露症如何防治?

每年9月前后,都会有部分养殖户的黄鳝出现大量发病而不得不低价上市销售。由于发病多集中在白露之后,所以很多养殖者也习惯将其称为"白露症"。其实,"白露症"主要是由于肝脏出现病变(肿大、变白、变脆),所以严格地说应该属于一种肝脏疾病。

引起黄鳝出现"白露症"的主要原因是大量投喂蛋白质含量很高的饲料,导致黄鳝的肝脏负荷过重,从而导致发生疾病。

黄鳝一旦出现"白露症"就很难治疗,一般采取预防的方法。

①搞好驯食。部分养殖户由于驯食工作没有做细致,导致养殖的黄鳝中经常只有部分黄鳝吃食,从表面看黄鳝的采食量比较正常,其实往往是经常采食的黄鳝过多地在吃食,同一箱内的黄鳝出现大小差异非常明显的情况。大条的黄鳝由于长期过量采食蛋白质含量很高的饲料,往往出现因肝脏病变而发生死亡。这就是养殖者常常发现有的网箱或鳝池专死大条黄鳝的原因。养殖者在驯化黄鳝采食时,对于投食后采食较慢,出来吃食的黄鳝较少的网箱或鳝池,应使用鲜料进行单独补驯,直到黄鳝采食鲜料的量达到体重的4%以上,才逐步加入配合饲料进行转化。

②适当控制投喂。在黄鳝采食量达到投苗重量的8%以上时,最好每隔5天停喂一天,以缓解黄鳝的肝脏负荷。同时,每隔15天在饲料中加喂一次"鳝宝保肝宁"(每千克料拌药3~5克)。进入秋季以后,有条件的可以适当增加鲜料的比例。

③尽量选用动物蛋白含量较高的饲料。一些代用饲料,虽然蛋白质的含量比较高,但由于其中含有较多的植物蛋白,大量消化植物蛋白会给黄鳝的肝肾等器官带来巨大的负荷,引起黄鳝相关器官出现病变。相对而言,黄鳝专用饲料所含的植物蛋白要低于代用饲料。所以,笔者建议能够买到黄鳝专用饲料的,就最好不使用代用饲料。

第三节　微生物防病

养殖中的有益微生物可以有效地改善养殖环境和动物体内环境，有利于减少疾病，提高成活率和养殖增重效果，且基本无毒副作用，是现代农业发展的方向。

91. 如何使用光合细菌调节养鳝池塘水质？

光合细菌有很多种，在水产上广泛使用的是一种叫做"沼泽红假单胞菌"的细菌。这种细菌本身就存在于池塘、河流等水体环境中。只是被相关的专业机构从水体中分离出来，进行专业地培养，然后再补充到水体中，以提高单位水体中光合细菌的含量。

光合细菌可以消除水体中的臭味物质，可以"吃掉"水体中的氨氮、硫化氢，并减少水体中有毒的亚硝酸盐的产生，同时有效降低污水中的 COD 和 BOD 的含量，因而光合细菌最初是被广泛用于污水处理方面。

养鳝池塘使用光合细菌，可以有效减少氨氮、硫化氢和亚硝酸盐，还可抑制蓝藻的暴发，对于改善养鳝池塘水质具有较好的效果。其主要使用要点如下。

（1）用量　工厂化生产的光合细菌，其参考用量大多推荐每 667 米^2 使用 1 千克。这样的用量要想达到快速有效地分解水体中的有害物质是很不现实的，更不可能对有害菌群起到抑制作用。大量使用光合细菌治理污水的成功实例都说明，较大的剂量和持续地添加才能快速获得效果。自行批量培育生产的光合细菌，其培育成本一般都在每千克 0.3 元以内，这个成本仅相当于工厂化产品零售价格的 5%～10%，养殖者完全可以将用量提高几倍甚至 10 倍以上，以尽快获得较为明显的使用效果。

（2）使用时机　池塘使用光合细菌，一般应把握两个使用时机，一是在池塘养殖开始大量进行投喂的时候，此时水体内排入的有机物质增多，氨氮等光合细菌的营养物质比较充足，此时使用，有利于光合细菌在水体中快速形成优势，起到分解有机物质和抑制有害细菌（包括蓝藻）发展的双重效果。二是在一天中，应最好在早上使用，因为早上施入，当天历经太阳照射，光合菌可以获得很好的生长效果，而如果是中午或傍晚施用，则当天获得光照时间较短，生长的效果就会相对差一些。

（3）施用方法　在网箱养殖池塘，网箱内是布满水草的，光照很差，因此泼洒光合细菌只限于网箱外的水体。使用前若能结合泼洒生石灰澄清液，增大池水的碱度，则光合细菌的净水效果可以明显提升。部分池塘可以明显提高透明度，水色明显优于附近未做处理的池塘。光合细菌在营养物质（氨氮等）比较丰富的情况发展比较迅速，但发展到顶峰后会有一个衰亡期，因此，在正常投喂季节，必须持续施用光合细菌，一般15～20天使用一次，方能长期保持水体环境中拥有较大数量的菌群，起到较好的水质调控效果。

92.　芽孢杆菌在黄鳝养殖中有什么作用？

芽孢杆菌是自然界中广泛存在的一种简易的细菌，在显微镜下观察，它是一种无荚膜，周身鞭毛，能够运动的菌体。它的种类较多，在水产养殖中被广泛使用的芽孢杆菌有枯草芽孢杆菌、地衣芽孢杆菌、短小芽孢杆菌等。在黄鳝养殖中，芽孢杆菌主要有以下作用。

（1）在胃肠道内形成优势菌群，抑制有害菌生长　芽孢杆菌耐酸、耐盐、耐高温，可以顺利进入黄鳝的肠道。芽孢杆菌进入黄鳝胃肠道后，通过生物夺氧作用在生长繁殖过程中消耗肠内过量的氧气，造成厌氧状态，而抑制有害菌的繁殖。并且，芽孢杆菌在生长繁殖过程中可产生细菌素、有机酸等物质，改变肠内微生态环境，形成不利于有害菌生长的环境。

（2）可提高饲料转化率和促进生长　芽孢杆菌可产生多种消化酶，可降解饲料中的某些抗营养因子，提高饲料转化率可达8％以上。芽孢杆菌在肠道内繁殖，还可产生各种营养物质，如维生素、氨基酸、未知生长因子等，参与机体的新陈代谢，促进动物生长。

（3）具有杀菌能力，可减少抗生素的使用　芽孢杆菌在动物肠道内产生大量细菌素，如杆菌肽、多黏菌素、线性环多肽复合物等，可有效地抑制和杀灭进入体内的大肠杆菌和沙门氏菌等。

（4）**分解有机物，净化水质**　芽孢杆菌可以直接"吃掉"蛋白质、多糖等有机物，与有害菌"抢"食物，并将其转化为无害的物质，抑制了有害菌的生长，减少了水体中氨氮等有害物质的产生，对改善水质具有比较显著的作用。

93. 如何应用芽孢杆菌改善鳝池水质？

在日常的水质调控中，有经验的养殖者通常都是将芽孢杆菌与光合细菌进行配合使用，利用其各自的优势协同调控水体环境。

（1）**与光合细菌配合使用**

①施用时间上的配合。芽孢杆菌萌发生长时需要消耗氧气，但可以不需要阳光。因而养殖者一般是早上泼洒光合细菌，中午前后泼洒芽孢杆菌。因为上午通过微生物的光合作用，水体中的氧气含量已经较高，能够给芽孢杆菌提供生长所需的氧气。有溶氧检测设备的养殖户，还可以在施用芽孢杆菌前对水体溶氧进行检测，一般施用水体溶氧达到4毫克/升以上，就可以满足芽孢杆菌的生长，并且不会对鱼类的需氧带来明显的影响。芽孢杆菌进入水体后，可以明显减少有机质发生腐败等的耗氧，其总的效果是减少水体中氧气的消耗。相对于其产生的效果，芽孢杆菌生长所消耗的氧气是微不足道的。对于没有溶氧检测设备的，只要选择晴天的中午施用芽孢杆菌，也是可以的，因为一个比较正常的养殖水体，在阳光照射之下，中午的水体溶氧一般不低于4毫克/升，多数应该都在10毫克/升以上。

②不同水环境的配合使用。光合细菌需要光照，主要在水体中上层有光照的区域比较活跃。芽孢杆菌不需要光照，则可以活跃于池塘的底泥和网箱底部等有机质聚集的区域，对该区域的有机质进行分解。

（2）**使用前的活化处理**　芽孢杆菌在储存时是休眠孢子的形式，故使用前需要进行活化。使用前用红糖水浸泡活化4～6小时，效果会更好。活化处理时最好进行充氧，以免芽孢杆菌刚激活就死亡，从而影响使用效果。目前也有厂家推出了可以不经过活化就直接使用的产品，具体可以参考产品的相关说明来进行操作。

(3) 使用芽孢杆菌的时机 使用芽孢杆菌除了注意水体是否有比较充足的溶氧外，还需要注意的就是水体中是否有较多的有机质。判断水体的有机质是否丰富有个比较简单的方法，就是用一个白色的塑料桶，任意从水体中打半桶水上来，放置 15 分钟以上，观察桶底是否有明显的沉淀，如果有，则是使用芽孢杆菌的适宜时机，如果放上30 分钟都没有沉淀，则没有使用芽孢杆菌的必要。同样的道理，使用芽孢杆菌后的一天或几天，观察打上来的水，如果沉淀没有了，证明这些有机质可能被芽孢杆菌给消耗掉了，说明施用后起到了效果。

94. 如何使用芽孢杆菌预防黄鳝的肠道疾病？

目前市场上的芽孢杆菌产品中，最为常见的是枯草芽孢杆菌。在实际的生产应用中，多数厂家是将枯草芽孢杆菌和地衣芽孢杆菌、短小芽孢杆菌进行配合使用的。不同的配合比例对使用效果都有影响，这也是各厂家产品的差异所在。

给黄鳝内服芽孢杆菌产品，应注意以下几点。

(1) 尽早使用 收购野生鳝苗用于养殖的，黄鳝正常采食后，要尽早在饵料中添加芽孢杆菌产品，以便及早在黄鳝肠道中形成优势种群，抑制有害细菌的生长和杀灭入侵的病菌。对于自繁小苗的，亦应在给小苗投喂后，尽早在饵料中加入芽孢杆菌产品。

(2) 活化使用 凡说明书中未说明使用前不需要活化的产品，在投喂前最好都经过活化处理，以提高投喂效果。

(3) 持续使用 芽孢杆菌从粉剂产品中的休眠体被激活以后，变成了营养体的活菌，此时它更容易死掉。因为活的细菌就需要营养、适宜的温度等适宜生存的环境，一旦环境变化，就可能引起死亡。给黄鳝水体投放消毒剂或者给黄鳝投喂一些具有杀菌作用的药物，都很容易导致其体内的芽孢杆菌出现死亡。为了达到比较理想的防病效果，养殖者应根据养殖情况或参考产品的使用说明，间隔一定的时间就要给黄鳝补充一次芽孢杆菌。

第六章 黄鳝的贮运和加工

　　黄鳝可以使用口咽腔和皮肤直接呼吸空气，所以离开水也可以存活。运输黄鳝就相对比运输一般的鱼类要容易一些，但真要做好黄鳝的运输和暂养，也需要了解一些方法。黄鳝的加工一般是指将黄鳝宰杀后将其做成半成品或成品，通过加工可以方便运输和保存。将养殖的黄鳝做成美味可口的菜肴，直接将养殖的产品送上餐桌，这些看似和黄鳝养殖者距离很远的程序，在"农超对接""休闲渔业""观光农业"等大的背景和趋势之下，也成为黄鳝养殖从业者需要了解和掌握的技术。

第一节　黄鳝的暂存和运输

　　黄鳝离开水可以存活，但在高密度情况下，却会因黏液等物质的发酵而产生高温，引起黄鳝生理功能紊乱而出现生病甚至死亡。所以，较高密度的存放和运输黄鳝需要掌握一些基本的技巧。

95. 如何运输黄鳝？

　　（1）商品黄鳝的运输　商品黄鳝就是运输已经可以上市销售的黄鳝。黄鳝耐饥饿、耐低氧、离开水后也能存活，这些都是鲜活黄鳝运输的有利条件。运输黄鳝根据运输距离的远近和季节温度的不同而采用不同的方法。

　　①塑料桶（箱）装运。这种装运方式在乡镇收购商收购黄鳝时比较常见，收购商多使用桶径 50～60 厘米、桶深 70～80 厘米的塑料大桶或大的塑料箱来装运黄鳝。装运前先将在桶内加上水，放入黄鳝后，用清水冲走水面上的泡沫，然后视运输路程的远近确定装水的多

少，一般几十、上百公里的短途运输，一桶（箱）装水可以低至黄鳝重量的 10%左右，每箱（桶）装运黄鳝几十、上百千克。高温情况下加水量适当增多，并间隔半小时左右搅动一次，发现温度过高可加水冲洗降温。

②竹筐装运。这种方式在长途运销黄鳝中比较常用。竹筐有大有小，一般专业运销的竹筐可以装运黄鳝 50～60 千克，框内衬上一层塑料膜，内装占黄鳝重量 20%～30%的清水，装鳝后盖上竹片编制的盖子。这种竹筐在运输中可以层叠码放，装运比较方便。

③编织袋装运。这种方式多见于短途少量运输。使用装饲料的编织袋，将其用烟头烫几个小孔，即可用来装运黄鳝。一般每袋 20 千克左右，平放在运输车厢中。如果运输数量稍大，需要堆码，则需要将其装入到塑料筐中，气温较高时还可在编织袋上放上些冰块。这种方式在气温不是很高的情况下，运输还是很安全的。

④充氧空运。空运黄鳝需要将黄鳝进行封闭包装，其在高空时货舱可能缺氧，所以空运黄鳝需要采用充氧袋进行运输。使用一般的鱼苗袋或尼龙袋进行充氧，一般每袋可以装运 10 千克左右的黄鳝，每两袋装一箱。为减少呼吸活动、降低黄鳝的耗氧量，高温季节一般使用泡沫箱，并在箱内放置冰袋。

（2）鳝苗的运输　鳝苗是用来养殖的，所以，其运输通常都比运输成品黄鳝更加严格。为了尽可能减少对鳝苗的伤害，在鳝苗的运输中是不允许使用冰块降温的。在运输工具上，除比较常见的竹筐运输外，一些养殖者自行收购鳝苗时，还使用自制的铁皮箱来运输鳝苗。这种铁皮箱一般长 50～60 厘米、宽 40～50 厘米、高 50 厘米左右，顶上有盖子，盖子上或箱子的侧面上部钻有透气的小孔。运输养殖用的鳝苗，其加水量通常在鳝苗重量的 1 倍以上，有的还在运输箱中投放少量的水草，以减少运输颠簸时箱内水体的晃荡幅度。

96. 如何使用网箱暂存黄鳝？

使用稻田、大土池等养殖黄鳝，由于冬季低温时黄鳝容易钻泥，导致难以捕捞，所以通常需要在冬季低温到来之前就将黄鳝捕捞起来。为了使养殖的黄鳝能够卖到更好的价格，在行情不是很理想的时候，通常就需要将黄鳝进行暂养存放。

在池塘挂网箱存放黄鳝是养殖户比较常见的存放方式。存放黄鳝的网箱，需先投放足够的水草。水草一般选用水花生，投放水草的厚度为 20～30 厘米。暂存期间不要进行投喂，每平方米网箱内可以投放 20～30 千克黄鳝。

97. 如何使用水泥池暂存黄鳝？

在水产市场，销售商通常是将黄鳝投放到水泥池中进行存放待售。这里存放的黄鳝一般只保持 20 厘米左右的水深，池内不投放水草。每天换水或视存放的密度采用定时换水或微流水。每天观察黄鳝情况，将翻肚和死亡的黄鳝及时捞出。这样简易的存放，一般在低温季节可放置几天至十几天。

养殖者有现成水泥池的，也可使用水泥池来存放黄鳝。一般养殖者存放黄鳝的时间都比市场经销商长，所以水泥池中应投放水草。为了方便清理，一般水泥池存放黄鳝，最好是使用水葫芦，也可以使用水花生。存放期间保持水深 20 厘米左右，采用微流水为好。在存放密度达到每平方米 10 千克以上时，最好不要进行投喂，以免污染水质引起发病甚至死亡。

对于存放黄鳝数量较小的，使用较大的塑料箱或桶等容器也可，保持每天换水，及时清理病鳝死鳝，一般比较健康的黄鳝，在室内存放 10～15 天是比较安全的。

第二节　黄鳝的加工

随着人们生活节奏的加快，消费者对产品的要求也趋向多样化。方便、安全的半成品不仅深受餐厅厨房的欢迎，也受到家庭主妇的追捧。随着冷鲜加工技术的不断完善，加上冷链物流设施的大量配置，超市和农贸市场销售的冷鲜产品越来越多，而与之对应的鲜活动物销售量已经明显下降，这一态势还可能进一步发展。养殖者尤其是养殖

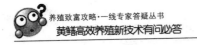

企业要加强产品的市场竞争力，就要面临开展产品加工的问题。

98. 黄鳝如何宰杀？

一般市场宰杀黄鳝，多是支起一块木板，木板上钉一颗铁钉。杀鳝者将一条黄鳝抓起，在盆沿上摔打鳝头致其昏迷，将鳝头钉在铁钉上，用小刀从鳝鱼的一侧划下，将鳝鱼从背部或腹部剖开，去掉肠道等内脏，然后去头去尾，将鳝鱼用刀划或剪刀切成段，即为鳝段。若在去内脏后用刀从头到尾剔去鳝骨，则可得到无骨的鳝片。这种宰杀黄鳝的方法在一般的农贸市场都比较常见，网络上也流传有高手快速宰杀黄鳝的视频。

笔者在成都天华水产市场看到，这里常年靠宰杀黄鳝谋生的人至少有上百人。他们一般 22：00 以后开始工作，从批发商手上购买活鳝，然后就地开展宰杀，至第二天 05：00 左右，将加工好的黄鳝卖出或发给已预定的餐馆等商家。这里的宰杀者多为夫妻搭档，通常一对夫妇在几个小时内需要宰杀几十、上百千克的黄鳝，遇上有客户需要，其宰杀量可能还会更多。这些专业宰杀者使用的木板都足有 7～8 厘米厚，用的时间较长的木板，其前端都是一道道深达 3～5 厘米的缺口，每道缺口都是宰杀至少数以千计的黄鳝的印证。

其宰杀动作非常规范，基本操作是：抓起一条黄鳝，用刀背轻轻一敲将黄鳝钉到钉子的中间部位，一刀拉下剖开黄鳝，再轻敲鳝头使黄鳝落下贴近木板，将刀顺鳝体水平拉下，将鳝鱼骨头和内脏全部割掉，然后用刀斜向划上几下便是要断未断的一"串"鳝片，最后一刀从铁钉边切下，切去了鳝鱼的头部，将整"串"鳝片拿下。黄鳝宰杀前被专门的电击设备电昏，都瘫软在盆中，不需要在盆子边沿摔打致其昏迷。

99. 速冻黄鳝如何加工？

在速冻保鲜技术不断发展的今天，冻鱼 7 天复活、21 天复活已经不是新闻。冻鱼复活技术不仅仅是一个抢眼球的表演，更是标志着我国的保鲜技术已经达到一个新的高度。

普通的冷冻设备和技术虽然可以将鱼类等食品进行较长时间的保存，但经过冷冻的鱼虾等食品，其营养和口感却与鲜活状态时差别甚远。

目前，我国的速冻（微冻）设备和技术已经可以做到将鱼虾等食品进行低温保存两年，而营养和口感与刚刚宰杀时几乎没有差异，甚至口感比刚宰杀的更好。这一技术目前已经在水产和畜禽的产品加工中被广泛使用。

2016年，大众养殖基地应用这项技术开展了黄鳝等水产品的速冻处理，低温保存了30多天的鳝片和鳝段，和刚刚宰杀的新鲜黄鳝口感一致，并且成本比较低廉，是取代活鳝销售的理想加工方式。其基本做法如下。

（1）真空包装 将加工好的鳝片或鳝段用真空进行包装，每袋600～800克，包装时使用模具将包装厚度控制在3厘米以内。

（2）速冻 将包装好的黄鳝产品置于−60℃～−30℃的环境中，使其在60分钟内完成冻结（中心温度低于−15℃）。

（3）保存 将已经冻结的黄鳝产品置于−18℃以下的低温冷库中进行保存。

第三节 黄鳝的烹调

随着休闲渔业、旅游型农业的不断兴起，一些黄鳝养殖者也不仅仅局限于从事养殖了。在养殖的同时，将养殖场所对外进行展示，接待一些城市客人前来参观、休闲和品尝农家特色风味菜，不仅可以增加消费者对养殖的了解，带动养殖产品的销售，还可以通过开办餐饮及休闲活动获得额外经营收益。大众养殖基地利用自身处于简阳城郊的优势，开办了"产品体验中心"，对外提供餐饮服务，将基地养殖的黄鳝等产品直接端上顾客的餐桌，让顾客从养殖流程、加工、品尝等环节全方位了解了公司的养殖产品。黄鳝的烹调相关知识和方法介绍如下。

100. 黄鳝都有哪些主要的烹调方法？

我国食用黄鳝的历史悠久，几乎所有的菜肴烹调方式中都可以找到黄鳝的影子。这里仅以不同的菜式粗略地展示一下黄鳝的主要烹调方法。

(1) 中餐 在黄鳝产区的中餐馆中，鳝鱼菜是比较常见的。比如炒鳝丝、红烧鳝筒、火爆鳝片、粉蒸鳝鱼等。除一般中餐馆有推出鳝鱼菜外，以鳝鱼作为招牌的特色餐馆也比较常见，如成都的"老田坎土鳝鱼""一品堂土鳝鱼""清和园土鳝鱼"等。

(2) 火锅 在火锅餐馆中，以鳝鱼作为招牌的也非常众多，如"重庆孔亮鳝鱼火锅""重庆齐齐鳝鱼火锅""重庆砂锅鳝鱼火锅"、"北京咱老街坊鳝鱼火锅"等。这些火锅以在锅内烫煮鳝鱼片为主，然后就着香油味碟，以其麻辣鲜香吸引大批食客蜂拥品尝，重庆的鳝鱼火锅更是红遍了全国各地。

(3) 小吃 比较常见的有鳝鱼面、鳝鱼粉丝等，比较有名的如成都"张记鳝鱼面"、武汉"何记鳝鱼面""刁嘴鳝鱼面""乔一乔鳝鱼面"等。鳝鱼粉则以湖北仙桃最为有名，一个小城市就有大约20家鳝鱼米粉馆。广东更有特色，将鳝鱼直接放锅里煮饭，形成了有名的"台山黄鳝饭"。

101. 大蒜烧鳝鱼怎么做？

大蒜烧鳝鱼（图6-1）是川菜中一道家常风味浓郁的菜，很受欢迎，鳝鱼滑嫩滋味浓郁，整粒的大蒜经过烧制以后绵软回甜。

鳝鱼具有补中益气、养血固脱、温阳益脾、强精止血、滋补肝肾、祛风通络等功效，特别适合身体虚弱的人，适合患有糖尿病、高血脂、冠心病、动脉硬化者食用。

在传统烹调方法的基础上，大众养殖基地的师傅们通过向成都周边的鳝鱼馆的学习，对本菜肴的烹制进行了一些改进，其基本的做法如下。

（1）材料准备　鳝鱼片 600 克或鳝段 800 克，大蒜 150 克、黄瓜、葱白、莴笋头、青椒、洋葱等蔬菜约 250 克，泡生姜 10 克、泡辣椒 10 克，郫县豆瓣 20 克、料酒或白酒 30 毫升、鸡精少量、鸡汤或开水约 150 毫升、水淀粉约 5 克。喜麻辣的还可另外准备适量的花椒和辣椒。

（2）制作步骤

①将蔬菜、泡菜等配料切碎备用。

②炒锅上火，放油约 200 克，烧至锅内开始冒烟。

③放入辣椒和花椒、放入黄鳝，翻炒约 1 分钟。

④放入郫县豆瓣、泡生姜和泡辣椒、大蒜，稍加翻炒至色泽变红出香味。

⑤放料酒或白酒，加入黄瓜等蔬菜，放入鸡精少许，加入鸡汤或开水，用中火煮 2～3 分钟。

⑥加入水淀粉，待汤汁收浓后即可起锅装盘。

图 6-1　大蒜烧鳝鱼

102. 如何做水煮鳝鱼？

水煮鳝鱼（图 6-2）是四川和重庆地区的一道传统菜，其制作方法类似于川菜中的"水煮肉片"。但鳝鱼片独具的嫩、滑、香等特殊的口感，却是其他肉类无法相比的。这里就将其制作要点介绍如下。

（1）材料准备　鳝鱼 500 克、豆芽 100 克（或其他蔬菜），食用油 250 毫升、郫县豆瓣 50 克、干辣椒 10 克、花椒 20 粒、葱 100 克、姜末 20 克、蒜末 20 克、鸡汤 400 克、盐适量、鸡精适量、生抽 1 大匙、白胡椒、料酒少许。

图 6-2　水煮鳝鱼

（2）制作步骤

①选规格为 50～150 克的鳝鱼，宰杀后将其加工成鳝片备用。

②用白胡椒、料酒将鳝片先腌制 5 分钟。

③将葱 80 克切丝，20 克切末，干辣椒用剪刀剪成段。

④炒锅放油 100 毫升，放干辣椒段和花椒炒成棕红色捞出后关火，将辣椒剁碎待用。

⑤开大火，将油烧至 6 成热时下葱丝炒香，下豆芽炒断生，盛出放入大碗底部。

⑥炒锅再放油 100 毫升，将油烧至 6 成热时放入剁碎的郫县豆瓣炒香（中火），加入姜末、葱末、蒜末炒香，加鸡汤烧开（大火），下鳝鱼片搅散，待鳝鱼变色后加入盐、生抽、起锅盛入碗内，面上撒上剁碎的干辣椒和花椒。

⑦炒锅洗净，放 50 毫升食用油，烧至 6 成热时淋在鳝鱼段上即可。

103.　川味盘龙黄鳝是怎么制作的？

"盘龙黄鳝"（图 6-3）因黄鳝自然卷曲而得名，其选料必须为鲜活的小鳝鱼才能制作。制作盘龙黄鳝，全国各地有多种做法，川味的盘龙黄鳝具有香、麻、辣的特点，尤其深受川渝地区食客的喜爱。这里将盘龙黄鳝的制作要点介绍如下。

（1）材料准备　规格为 15～30 克/尾的小鳝鱼 500 克、干辣椒 100 克、生姜 10 克、大蒜 10 克、花椒粒和花椒粉各 5 克、香葱 5

克、食用油150毫升，食盐、鸡精、白糖、五香粉、胡椒粉适量。

（2）制作步骤

①将干辣椒先用水浸泡一下，以避免炒制时变焦，浸泡几分钟后将其切段。将生姜和大蒜切成末。

②炒锅上火，放油约50毫升，油热后倒入黄鳝，将其煎至自然卷曲即可。煎的时候要注意将黄鳝分开，不要让其相互缠绕卷曲。煎好后将黄鳝铲起放入盘中备用。

③锅内放油约100毫升，油冒烟后放入辣椒、花椒粒、生姜末和大蒜末，炒出香味后倒入黄鳝。

④最后放入食盐、鸡精、白糖、五香粉、胡椒粉和花椒粉，翻炒几下后放入香葱即可起锅装盘。

图6-3　川味盘龙黄鳝

104. 粉蒸鳝鱼是怎么做的？

粉蒸鳝鱼在湖北比较有名，尤其是汉川的榔头鳝鱼，更是香醇可口，远近闻名，不少外地饭店都慕名前往取经，想要搬上自家餐桌。其主要的制作要点如下。

（1）原料准备　鳝鱼750克、蒸肉粉100克、炼制猪油25克、味精、胡椒粉少许，生姜末10克，酱油20克，老陈醋10毫升、小香葱10克。

（2）制作步骤

①将黄鳝宰杀，去头尾和内脏，然后将鳝鱼体掰开，平铺在案板

上，用洗净的啤酒瓶进行敲打，直到将鳝鱼的骨头敲碎，整块鳝片比较平整，然后用剪刀将鳝片剪成 3～4 厘米的段。将香葱切成葱花备用。

②将鳝鱼与生姜末、胡椒粉、味精和酱油拌和好，腌制 5 分钟。

③将蒸肉粉、猪油与鳝鱼等拌和，然后装碗或盘上笼，蒸约 20 分钟，至米粉熟烂，鳝片能用筷子戳透即可出笼。

④给鳝鱼淋上陈醋、撒上葱花即可上桌。

105. 鳝鱼骨有什么食用价值？

看过台湾散文家林清玄写的散文《鳝鱼骨里的妈妈滋味》的人，都会对里面的鳝鱼骨汤和油炸鳝鱼骨留下深刻的印象。文中是这样描述的：

"妈妈经常向卖鳝鱼的妇人央求，杀了鳝鱼剩下的骨头，一定要留给我们。妈妈深信鳝鱼的骨头布满钙质，还有各种维他命（维生素，编者注），对我们这些正在成长的孩子大有帮助。每天晚上，妈妈总会从鳝鱼摊提回一大袋的骨头，洗也不洗便丢到大锅熬煮。因为妈妈说鳝鱼骨头上还带着鲜血，那是最为滋补的，洗净多么可惜！熬过两三个小时，鳝鱼骨头几乎在锅中化了，汤水成咖啡色，水面上浮着油花，这时，妈妈会撒一把葱花，关火。

鳝骨汤熬成时，夜已经深了。妈妈把我们叫到灶间，一人一碗汤，再配上她在另一家面包店要来的面包皮，在锅里炙热了，变成香味扑鼻的饼干。

我们细细咀嚼面包皮，配着清甜香浓的鱼骨汤，深深感觉到生活的幸福。只要卖鳝鱼的来摆摊，我们一定能喝到鳝鱼骨汤，奇异的是，我从来没有喝腻过，而且一直觉得这是人间至极的美味。

妈妈担心我们会吃腻，有时会在汤里加点竹笋，或下点蛋花；有时会用豆腐红烧，或与萝卜同卤。用的都是普通的食材，却布满了美味的魔术。最神奇的算是炸鳝鱼骨了。鳝鱼骨本来是歪曲扭动的，下了油锅忽然被拉直了，一条一条就像薯条一样，起锅时撒一些胡椒盐，香、酥、脆，真是美味极了……"

我国古代中医药典《本经逢原》中记载：鳝骨，烧灰，香油调涂流火。《本草再新》中记载：鳝骨，治风热痘毒。这些典籍的记载都表明黄鳝的骨头具有一定的药用价值。现代的医学研究证明，鳝鱼骨汤可以补充人体钙质，具有强筋健骨的作用，适合各年龄段的人饮用。山西省护理学会主办的《全科护理》杂志 2010 年发表了上海中医药大学附属曙光医院张颖等人的研究报告：《黄鳝骨髓汤对化疗周期白细胞降低者的影响》，该研究通过随机抽取上海市曙光医院肿瘤科的化疗病人 70 例，随机分为实验组与对照组。实验组在常规饮食的基础上食用黄鳝骨髓汤，对照组采用常规的饮食，通过 1 个完整的化疗周期的饮食干预，并以白细胞报告作为评价标准。最终结论为："黄鳝骨髓汤对化疗周期白细胞降低者，白细胞回升有辅助效果。"

（1）鳝鱼骨汤的熬制　网络上流传有众多的鳝鱼骨汤的熬制方法，多数食用者都感觉自己熬制的鳝鱼骨汤具有腥味，无法获得像林清玄先生那样的美味感受。为此，笔者参考一些制作者的实践经验，建议如下。

①鳝鱼骨的处理。宰杀鳝鱼剔除的鳝鱼骨，上面附着有鳝鱼血，鳝鱼血具有"祛风、活血、壮阳"等功效。因此，有经验的川菜厨师都是使用鳝鱼血片直接下锅做菜的。当然，如果对此不放心，在熬汤前需要对鳝鱼骨进行清洗的，可以将鳝鱼撒上少量食盐，用手稍加揉搓，再用清水冲洗掉多余的血水即可。

②去腥处理。做汤前可以先用少量的料酒或白酒、生姜汁对鳝鱼骨进行腌制去腥。熬制最好使用不锈钢或铝制容器，以免产生异味。同时在熬汤原料中可适当投放葱、姜、蒜等提味食材，有利于去腥和增加汤的香味。

③熬制。煮沸后放入鳝鱼骨。采用小火慢炖，至少要熬 60 分钟，以便鳝鱼骨内的营养物质充分溶入汤内。

（2）香酥鳝鱼骨的制作　2014 年冬季，大众养殖基地水产技术员田红涛参考网络上的介绍资料，结合当地做油炸食品的经验，制作出了美味的香酥鳝鱼骨，在农博会上给参观者品尝，很受欢迎。其制作要点如下。

①将鳝鱼骨切成 4 厘米左右长度的小段，放入料酒、食盐、姜

汁、鸡精进行腌制 5～10 分钟。

②使用少量的面粉和鸡蛋清，拌和到鳝鱼骨上，使鳝鱼骨的表面基本被其覆盖即可。

③食用油下锅，烧至开始冒烟，放入鳝鱼骨炸制，至表面金黄即可捞起装盘。

④趁热撒上少量花椒粉，稍冷变脆即可食用。若需长时间保存，可用食品袋抽真空包装，放冰箱保存即可。

附　录

附录一　黄鳝的活饵——蝇蛆的
简易快速生产技术

苍蝇蝇蛆是养殖黄鳝时极好的开口驯食饵料。为了给黄鳝提供很好的驯食饵料，大众养殖公司也曾开展较具规模的苍蝇蝇蛆养殖。近两年，由于本地野生水蚯蚓的大量使用，加上附近猪场的倒闭使养蛆的粪料供应中断，公司已于2015年终止了蝇蛆养殖。

对于驯食饵料缺乏或希望使用蝇蛆来对黄鳝进行驯食的养殖者，在规模不大的情况下（6米^{2}网箱养殖100口以下），通过使用简易的蝇蛆生产方法，临时培育一些蝇蛆来供应给黄鳝驯食使用，还是非常可行的。其技术要点如下。

1. 生产蝇蛆的用具　小规模生产蝇蛆，使用家庭常用的一些容器即可，包括盆、桶、塑料箱子等。如果养殖量稍大，可以专门购买一些塑料容器，一般选用洗衣服用的塑料大盆比较合适。

2. 养殖蝇蛆的原料　简易快速生产蝇蛆，一般选用动物内脏、动物血、死鱼作为生产蝇蛆的主要原料。使用动物鲜血时，最好搭配麦麸使用。有绞肉机的养殖户，可以将死鱼、动物内脏等先进行绞碎，这样可以快速被蝇蛆采食。

3. 生产蝇蛆的方法　养殖蝇蛆的原料准备好以后，先在塑料盆等容器内铺上厚度为5厘米左右的原料，然后将盆放到有苍蝇出没的地方。发现有大量苍蝇在原料上产卵后，即可将盆收回，另用部分原料将苍蝇的卵块进行覆盖。覆盖苍蝇卵块的原料要湿润并疏松（若不疏松可以使用麦麸、玉米粉等原料将其进行拌和），覆盖的厚度为2厘米左右。养殖蝇蛆的容器要放到不被日晒雨淋的地方，一般气温在

25～35℃的情况下，24 小时后就可以看到小蛆在养殖料上活动，3～4 天即可长大。如果发现有的盆蝇蛆较多，则可以视情况适当进行添加培养料，直到让养殖的蝇蛆长到正常个体大小即可。

4. 蝇蛆的分离　使用盆子等容器养殖的蝇蛆，一般有两种分离方法。

（1）自动分离法　蝇蛆长大后，就会寻找比较干燥的地方化蛹。蝇蛆无法爬上光滑干净的塑料盆壁，但如果往盆壁喷点水，蝇蛆就可以爬上比较陡甚至是笔直的盆壁了。可以在盆外放置一个更大的塑料盆或者是用塑料膜做的一个简易的"池"。在外面的盆或池中稍微撒点麦麸等粉末类的东西把蝇蛆体表的水分吸干，蝇蛆爬到养殖的容器外面后就再也不能往外爬了。等蝇蛆差不多都爬出来了，直接将容器内的蝇蛆取出即可。有筛子的也可将里面的粉末筛掉。

（2）光分离法　找一块干净的地面（最好是水泥地面），在有太阳光照的时候，将养殖的蝇蛆和养殖料一起倒出，翻动养殖料，使水分逐步散去。然后将料堆成条状，将表面的养殖料一层层刮或扫去，最后剩下的就主要是蝇蛆料。

补充说明：①这种方法是利用野外的苍蝇来生产蝇蛆，不需要专门养殖苍蝇，因此比较简便。②养殖蝇蛆的原料尽量使用新鲜的，否则气味会比较大；养殖者养殖蝇蛆的地方应尽量远离住户，以免给周围住户带来影响。养殖过蝇蛆的废料要使用塑料袋进行密封，放太阳下暴晒，以杀死粪料内残余的蝇蛆。③遇上阴雨天可以使用红外线灯泡进行加热，可吸引部分苍蝇产卵，以保证蝇蛆的持续生产。

附录二　光合细菌的简易培育技术

自行培育生产光合细菌，可以做到现培现用，菌液浓度高、细菌活力强，且培育成本一般是直接购买厂家生产的成品的 5％～10％，是养殖户提高使用效果和节约养殖成本的可行之道。自行培育光合细菌的方法非常简单，适合用户在普通家庭条件下进行生产培育。简易培育光合细菌有很多种方法，其中使用最为普遍的当数塑料瓶培育法。

1. 培养前的准备

（1）培养容器的准备　用于培养光合细菌的塑料瓶要求是透光性良好的透明塑料瓶，大小一般以 5 升或 10 升比较合适。这种塑料瓶在很多塑料包装制品或食品包装销售点有出售，若当地不方便购买，也可通过网上购买。在淘宝网上，目前一个 5 升的塑料瓶价格一般 2 元多，一次批发 40 个，加上运费每个也就 3 元左右。如果准备长期开展自行培育光合细菌，则应先准备好相应的培养容器。

（2）菌种的准备　一般的养殖户培养，可以直接购买厂家生产的光合细菌产品作为菌种。一般水产渔药门市有售，也可在淘宝等网络平台上购买，一般 5 升的菌液售价在 30 元左右。

（3）培养基的准备　目前用于培养光合细菌的培养基已经有多个厂家在生产，产品的规格各有不同，以"鳝宝光合细菌培养基"为例，该产品每袋重量是 440 克，可生产培养 100 千克光合细菌，价格大约 20 元。

（4）其他准备　培育光合细菌还需要用到食盐（每培育 100 千克需要添加 1.8 千克），在一级扩繁等情况下需要用到可以称量最少 1 克的电子秤。这个也可以在网购其他用品时一并准备好。在低温（气温低于 15℃）情况下开展光合细菌的培养，则还需要准备功率为 40～100 瓦的电灯 1 个或多个。

2. 培养操作

（1）一级扩繁　为了达到较好的培育效果，一般培育光合细菌的菌种加入量都应大于或等于 20%，这样，要进行大批量的菌液培育，就需要对菌种先进行扩繁。假如培养者现在只有 1 桶 5 升的菌液，则第一次培养就能将菌液扩繁到 25 升，扩繁方法为：先将菌液置于阳光下或灯光下照射 3～5 小时进行激活，除装菌种的塑料瓶外，另外再准备 4 个 5 升的塑料瓶。将 20 升干净的井水（提前抽取暴晒，使其水温在 20℃以上）、450 克食盐混合菌种进行搅拌均匀，然后装入到 5 个塑料瓶中，放到阳光下晒 5 天以上（根据气温和光照情况，一般 5～7 天即可），每天摇动一次，防止细菌沉积影响光照，待菌液变成深红色即为培育成功。

（2）二级扩繁及批量生产　将一级扩繁获得的 5 瓶菌液做种，如法炮制即可扩繁成 25 瓶菌液，再次扩繁就可扩成 125 瓶。这样便实现了大批量的培养使用。这里需要注意以下几点。

①温度的控制。适宜光合细菌生长的水温是 15～40℃，最适合其生长的水温是 32℃左右。在高温季节培养光合细菌，可以在培养区上方搭架拉上遮阳网，以减少中午的阳光直射。若培养区气温超过 45℃，则应采取洒水或放置电扇等方式来降低温度，确保菌液温度不超过 45℃。在低温季节培养光合细菌，则可采用体积稍大的纸箱，在纸箱的中间吊一个电灯，将培养光合细菌的塑料桶放置到电灯的四周，然后加盖保温培养。

②培养容器的清洗。使用塑料瓶培养光合细菌，一般都是直接使用新的塑料瓶，但有时也会遇到将瓶子多次使用的情况。对于使用过的旧瓶，要使用餐具洗洁精等洗化用品溶液进行浸泡和刷洗，确保培养容器具有和新瓶一样的透光效果才能使用。清洗后要用清水冲洗干净，晒干或晾干即可。

③菌液变淡或发绿的常见原因。有的培养者在刚开始培养或菌种经长时间多次培养，发现菌液有变淡或发绿的现象。据分析，造成这样的原因主要有以下几种：a. 菌种接种偏少，或者在搅拌中未能充分地搅拌均匀，造成部分瓶子装到的菌种较少。或者是培养基未按标准使用或搅拌混合不均匀。b. 使用的水源中有大量的微生物或浮游生物。有的井水经水塔供水，因水塔未及时清洗等原因造成水源微生物较多。c. 井水中含有过量的重金属离子，培养过程中重金属析出导致菌液出现异色，有的还会出现变黄、变黑等情况。遇上这样的情况可以更换其他水源再试。

3. 光合菌液的保存和换种

（1）菌液的保存　对于自行培育的菌液，暂时不使用的，可以将其放置于房前屋后阳光不能直射的地方即可。一般自然存放半年，细菌的使用效果与刚培养的菌液差异不是很明显。长期保存则需要具备一些专业的设备和知识才行。

（2）换种　多代反复使用的菌种，其菌种会逐步衰退。作为一般的养殖户，可以于每年4月前后从质量比较可靠的生产厂家或培育单位引进一次菌种。在一个养殖季节，一般不需要换种。当然，如果因为培育等原因，发现自己的菌种中有较多的杂菌，或感觉使用效果不如从前，也可另行更换菌种。

彩图3 黄鳝人工繁育的幼苗

彩图2 人工繁育的黄鳝苗

彩图1 花斑黄鳝

彩图 5　水浮莲池养殖蝌蚪

彩图 4　小网箱仿生态养殖蝌蚪

彩图 6 "Z 字埂"繁殖鳝苗

彩图 7 塑料盆培育鳝苗

彩图 9 由瓦烟管组合的烟囱

彩图 8 晾晒烟区热染架布景

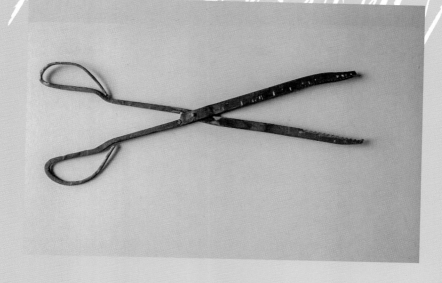

彩图 11　未鉴别的夹子

彩图 10　使用 52 号机的室内加工车间

彩图 13　无土水培生长茶苗

彩图 12　无土水培扦插茶苗

彩图 14　张帮勤的稻田网箱养鳝

彩图 15　稻田厢沟黄鳝养殖模式

彩图 16　患出血病的黄鳝腹部充血发红

彩图19　黄鳝头部被寄生的大棘头虫

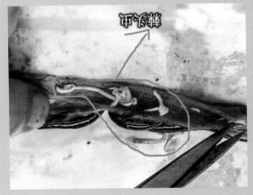

彩图18　黄鳝肠道被寄生的棘头虫

彩图17　刚被挑签系孔出此处的新鲜棘头
虫体扭曲翻绕